Nachhaltigkeit für Sparfüchse

100 Tipps und Tricks, mit denen Sie die Welt (und Ihr Portemonnaie) retten

Tobias Seebuck

Nachhaltigkeit für Sparfüchse: 100 Tipps und Tricks, mit denen Sie die Welt (und Ihr Portemonnaie) retten.

Auflage 2021

Über den Autor

Tobias Seebuck ist ein wahrer Experte, wenn es um die Themen Umwelt, Nachhaltigkeit und Sparen geht. Er weiß genau, wie die beiden großen Bereiche *„Umweltbewusstsein“* und *„Geld sparen“* zusammenspielen, um ohne große Mühe einen 4-stelligen Betrag im Jahr einsparen zu können. Häufig wird er deshalb um Rat gebeten. Mit viel Freude und Erfahrung hilft ihnen über den Tellerrand zu schauen, um den Irrglauben „nachhaltig leben“ sei teuer und mit Verzicht verbunden zu widerlegen und zeigt ihnen einfach umzusetzende Tipps und Tricks.

Durch seine umweltbewusste Erziehung, sein abgeschlossenes Studium zum Wirtschaftsingenieur und seine berufliche Erfahrung weiß er heute genau, an welchen Stellschrauben gedreht werden muss.

Seit einigen Jahren lehrt er sein Wissen an einer Universität und ist nebenberuflich als Autor tätig.

INHALT

Haftungsausschluss und rechtliche Hinweise

Dieses Werk ist urheberrechtlich geschützt. Die Übersetzung und Vervielfältigung dieses Werkes oder Teile des Werkes sind ohne die ausdrückliche Zustimmung des Autors untersagt. Alle Quellen und Studien, die zur Erstellung dieses Buches herangezogen wurden, wurden vorher ausgiebig überprüft und für qualitativ hochwertig befunden. Dennoch erfolgt die Umsetzung der darin vorgestellten Methoden auf eigenes Risiko. Der Verlag und der Autor können weder Haftung für Personen-, Sach- oder Vermögensschäden übernehmen, noch für die Richtigkeit und Aktualität der hier enthaltenen Informationen garantieren. Beachten Sie, dass der Inhalt dieses Werkes auf der persönlichen Meinung des

Autors basiert, zum Unterhaltungszweck dient und nicht mit medizinischer Hilfe gleichgesetzt werden darf. Bitte befragen Sie Ihren Arzt zu den in diesem Buch vorgestellten Empfehlungen, bevor Sie diese befolgen. Eine Garantie für das Erreichen der Ziele wird weder vom Autor noch vom Verlag übernommen. Des Weiteren enthält dieses Buch Links zu anderen Webseiten, auf deren Inhalt wir keinen Einfluss haben und damit keine Gewähr übernehmen können. Zum Zeitpunkt der Erstellung dieses Buches konnten keine Rechtsverstöße verlinkter Webseiten entdeckt werden.

Vorwort

Die Zahl der klimabedingen Naturkatastrophen hat sich zwischen 2000 und 2019 gegenüber den vorherigen 20 Jahren fast verdoppelt. Die letzten 5 Jahre zählen allesamt zu den wärmsten Jahren seit Beginn der globalen Temperaturmessungen im Jahr 1880.[1] Verursacher dieser Klimaerwärmung sind ohne Frage wir Menschen. Schaffen wir es nicht zu verhindern, dass sich unser Planet um weitere 1,5°C aufheizt, erwarten uns schwerwiegende Konsequenzen, die sich auch jetzt schon abzeichnen. Zunehmende Hitzewellen,

---

[1] National Oceanic and Atmospheric Administration – NOAA (2020)

Dürreperioden, großflächige Waldbrände wie Anfang 2020 in Australien, Hurricanes, die besonders in der Karibik und den USA riesige Landstriche verwüsten, und ein aufgrund der Schnee- und Gletscherschmelze rapide ansteigender Meeresspiegel lassen zum aktuellen Zeitpunkt nur ansatzweise darauf schließen, was uns in naher Zukunft noch bevorsteht. Zusätzlich zu unseren CO_2-Emissionen nutzen wir die Ressourcen der Kontinente, bis bald nichts mehr davon übrig ist. Als Beispiel dafür lassen sich die einst weitläufigen Regenwälder in Asien und Südamerika nennen, die durch große Unternehmen für die eigene Kapitalsteigerung hemmungslos abgeholzt werden und so nicht nur zahlreichen Tier- und Pflanzenarten das Zuhause nehmen, sondern sie auch ihrer Funktion als "Lunge der Erde" nicht mehr nachkommen können. Wir stehen zweifelslos vor der größten Herausforderung der Menschheit. Deswegen ist es höchste Zeit, die Augen zu öffnen und etwas zu verändern.

Doch warum tun wir uns so schwer mit der Umsetzung eines so offensichtlichen Lösungsweges? Laut der Psychologin Ellen Matthies hat dies verschiedene Gründe. Als übergeordnetes Argument gilt vorerst das grundsätzliche Wesen des Menschen.[2] Hier spielen Bequemlichkeit und Anpassung seit der Urzeit eine wichtige Rolle. Einmal gelernte Gewohnheiten, die sich über einen längeren Zeitraum hinweg etabliert und bewährt haben, sind schon allein aus biologischen Gründen schwer abzulegen. Bei einer Thematik wie dem Klimawandel erschwert der Fakt, dass man weder die positiven noch die negativen Folgen seines eigenen Handelns hier in Mitteleuropa kaum zu spüren bekommt. Zwar erreichen einen durch die Medien immer wieder erschreckende Nachrichten über einen ansteigenden Meeresspiegel oder schreckliche Wetterkatastrophen, doch liegen Konsequenzen wie diese der Vorstellungskraft vieler so derartig fern, dass auch solche erschreckenden und eigentlich aufrüttelnden Nachrichten nicht nachdrücklich genug für ein Umdenken sorgen. Darüber hinaus ist es in einer konsumorientierten Gesellschaft schwieriger, gute Wege für eine gelebte Nachhaltigkeit zu finden. Vereinfacht gesagt, fehlen (teils auch gewollt) die nötigen Motivatoren, um eine große Masse zum Umdenken

---

[2] Matthies E. und Homburg A. 2001, S. 100 ff.

zu bewegen. Diese möchte ich Ihnen hier an die Hand geben.

Vielleicht mögen Sie kein Nachhaltigkeitsfanatiker sein und dennoch haben Sie verstanden, dass jeder Einzelne seinen Beitrag leisten muss, damit wir die größte Herausforderung der Menschheit bestehen können. Sonst hätten Sie dieses Buch nicht aufgeschlagen.

Dass Sie bisher noch nicht mit der Umsetzung begonnen haben, mag auch daran liegen, dass Sie sich gar nicht bewusst sind, wie groß Ihr persönlicher Einfluss auf die Umwelt ist und welche Bedeutung jede noch so kleine alltägliche Entscheidung habe kann. Oder Sie assoziieren „Nachhaltig leben" mit Aufwand und Verzicht und kommen deswegen nicht ins Handeln, fühlen sich aber schlecht, wenn Sie für kurze Strecken das Auto statt das Fahrrad nehmen. Dies wiederum kann unterbewusst an Ihrem Selbstwertgefühl nagen. Vielleicht denken Sie auch, dass Nachhaltigkeit mit enormem finanziellem Aufwand verbunden ist. Dieser Irrglaube ist in unserer Gesellschaft weit verbreitet, doch lässt sich leicht umkehren, wie Sie in diesem Buch feststellen werden. Ich zeige Ihnen auf, wie hervorragend sich „umweltbewusstes Handeln“ und „Geld sparen“ vereinen lassen – Beispiel gefällig?

Die Benzin- und energiewendebedingen Strom- und Heizpreise steigen kontinuierlich an. Der deutsche Strompreis ist mit Abstand der teuerste aller Industrienationen. Doch gerade hier ergeben sich **riesengroße Einsparpotenziale**, die noch weitgehend unbekannt sind.

Dieses Buch soll Ihnen helfen, neue Glaubensätze zu etablieren und den Blickwinkel zu ändern. Es dient Ihnen als Einstieg in das komplexe Thema „Nachhaltigkeit“ und gibt Ihnen die nötigen Instrumente und Maßnahmen an die Hand, wodurch Sie ein völlig neues Bewusstsein für das Thema Nachhaltigkeit erlangen werden. Sie werden Ihre persönliche CO_2-Bilanz senken können und gleichzeitig lernen, wie Sie mit minimalem Aufwand Wasser-, Strom- und Heizkosten um **bis zu 50 % reduzieren** und jährlich über **650 Euro einsparen** können.

Darüber hinaus lernen Sie,

- wie Ihnen der Einstig in ein **plastikfreies Leben** leicht gelingt.
- wie Sie mit **Minimalismus** der Konsumfalle

entkommen.

• wie Sie in einfachen Schritten **Putzmittel selbst herstellen** können.

• wie Sie ein **Gespür dafür entwickeln,** zukünftig selbst **Einsparpotenziale zu erkennen.**

Während meines Studiums und durch meine bisherigen Erfahrungen in der Unternehmenswelt ist mir aufgefallen, wie oft der Punkt „Kosten einsparen“ genannt wird.

Da sich die meisten Unternehmen auf umkämpften und gesättigten Märkten bewegen, ist es einfacher Kosten einzusparen, als den Umsatz zu steigern, um den Gewinn zu erhöhen. Die meisten von Ihnen versuchen es aber gar nicht erst mit umweltbewusstem Handeln. Dabei haben Unternehmensumfragen herausgefunden, dass sich allein bei den Stromkosten im Bürobetrieb durch einfache Maßnahmen die Energiekosten um mehr als die Hälfte reduzieren lassen. Solche Einsparpotenziale lassen sich auf nahezu alle Bereiche eines Unternehmens und in das Privatleben übertragen.

Dieses Wissen lehre ich auch meinen Studenten an der Universität und nun können Sie davon profitieren.

Dieses Buch ist in 3 Teile gegliedert, damit alle Bereiche des alltäglichen Lebens abgedeckt sind:

- **Teil A:** Nachhaltigkeit zu Hause
- **Teil B:** Nachhaltigkeit unterwegs
- **Teil C:** Nachhaltigkeit in der Freizeit

Ich rate Ihnen, nach jedem Teil eine Lesepause einzulegen und sich intensiv mit der Thematik des jeweiligen Abschnitts auseinanderzusetzen. Vergessen Sie nicht, Sie sollen ein Gespür dafür entwickeln, wo sich überall Einsparpotenziale verstecken und sich selbst hinterfragen, in welchen Lebensbereichen Sie bereits nachhaltig handeln und bei welchen noch etwas Luft ist. Wenn Sie Teil A gelesen haben, dann schauen Sie sich bewusst in Ihrem Zuhause um und versuchen Sie weitere Einsparpotenziale zu finden. Es gibt viel zu entdecken, das verspreche ich Ihnen. Durch einen neuen Blickwinkel werden Sie mehr aufspüren, als Sie jetzt noch ahnen.

Darüber hinaus empfehle ich Ihnen, einmal im Jahr Bilanz zu ziehen, indem Sie Ihren Wasser- und Stromverbrauch sowie sonstige Verbräuche wie Benzin, Heizöl usw. analysieren. Sie werden überrascht sein, mit wie wenig Aufwand sich bereits binnen eines Jahres die Kosten deutlich reduzieren lassen.

Die Zahlenbeispiele in den Kapiteln helfen Ihnen bei der Berechnung Ihres Strom-, Wasser- und Wärmeverbrauchs. An dieser Stelle möchte ich Ihnen nicht vorenthalten, dass diese Beispiele auf Durchschnittswerten beruhen. Die Höhe des Einsparpotenzials wird allerdings von viele Faktoren beeinflusst, beispielsweise persönliche Gewohnheiten, Haushalts- und Wohnungsgröße usw. Darüber hinaus unterliegen Strom- und Heizpreise sowie die dadurch entstehenden CO_2-Emissionen Schwank-ungen. Je nachhaltiger ein Haushalt lebt, desto geringer fällt logischerweise das Einsparpotenzial aus. Aber auch für „vorbildliche" Haushalte gibt es in diesem Buch noch Einiges mitzunehmen.

Bevor wir beginnen, möchte ich Ihnen noch ans Herz legen, sich bitte nicht mehr als nötig unter Druck zu setzen. Natürlich ist es entscheidend zu handeln, denn wie man weiß, ist es leider nicht möglich, mal eben eine zweite Erde im Supermarkt zu kaufen, doch ein Mensch ist keine Maschine.

Viel mehr braucht es viele kleine Schritte, um

nach und nach den angestrebten Lebensstil zu erreichen, den man sich vorstellt. Gewohnheiten brauchen Zeit und Konstanz, um sich zu etablieren und Sie müssen kein schlechtes Gewissen haben, wenn Sie im Winter nicht frierend in Ihrer Wohnung sitzen möchten und deswegen die Heizung auch mal voll aufdrehen. Darüber hinaus ist es wichtig, sein eigenes Verhalten nicht mit dem Rest der Welt zu vergleichen, denn die Umsetzung von finanziellen Verhaltensänderungen ist Ihre ganz persönliche Sache.

In Bezug auf die Nachhaltigkeit gilt dies noch viel stärker. Fragen wie "Was bringt es, wenn ich jeden Tag mit dem Fahrrad zur Arbeit fahre, aber alle anderen Nachbarn sowieso das Auto nehmen? Wieso soll ich auf Urlaubsflüge verzichten, wenn das Flugzeug sowieso nach Bali fliegt? Was hat die Umwelt davon, dass ich nicht darinsitze?" haben uns genau an den Ort geführt, den wir uns so dringend zu verlassen wünschen. Ein Ort der Untätigkeit und der Ohnmacht, an dem es nicht den geringsten Hoffnungsschimmer für unseren Planeten gibt. Warum also dorthin zurückkehren, wenn wir den Aufbruch bereits gewagt haben? Warum nicht einfach den inneren Schweinehund überwinden und das tun, was für uns persönlich und finanziell sowie darüber hinaus für unsere Erde das Beste ist?

Jeder Schritt ist ein Schritt in die richtige Richtung, erhöht Ihre Kontrolle und beruhigt Ihr Gewissen, was sich wiederum positiv auf Ihr Selbstwertgefühl auswirkt.

Lassen Sie uns beginnen, Ihre Einstellung zum Thema Nachhaltigkeit „nachhaltig“ zu verändern und tun Sie Ihrem Geldbeutel etwas Gutes.

Was ist „Nachhaltigkeit" überhaupt?

Was ist Nachhaltigkeit eigentlich genau? Den Begriff möchte ich Ihnen am Beispiel der ersten Rohstoffkrise erklären – der Holzknappheit. Vor der Industrialisierung galt Holz als wichtigster Rohstoff und Energielieferant. Nahezu alle Güter des täglichen Bedarfs sowie Häuser und Transportmittel bestanden aus Holz. Seemächte wie Spanien, England oder Holland verbrauchten enorme Mengen an Holz für den Bau ihrer Seeflotten. Sie konnten den Bedarf nur durch den Holzimport aus ihren zahlreichen Kolonien decken.

Aufgrund der hohen Nachfrage und damit

verbundenen Abholzung konnte der Rohstoff nicht schnell genug nachwachsen. So war Mitte des 18. Jahrhunderts ein Großteil der Waldflächen in Europa abgeholzt. Das damals noch nicht vereinte Deutschland konnte auf keine Kolonien zurückgreifen und sah sich mit einer Rohstoff- und Energiekrise konfrontiert.

Dies erkannte auch der Bergwerksbesitzer Heinrich von Carlowitz aus Sachsen. In seinem Werk *„Sylvicultura Oeconomica"* (1713) forderte er: „Man soll nie mehr Holz entnehmen, als nachwächst." Durch diese so simple und doch effektive Aussage gilt er als Begründer der Forstwirtschaft und des Nachhaltigkeitsbegriffs.

Wissenschaftlich ausgedrückt beschreibt Nachhaltigkeit ein Handlungsprinzip, bei dem die beteiligten Systeme eine dauerhafte Ressourcennutzung überstehen und sich ohne Probleme regenerieren können, ohne Schaden davon zu tragen. Dieses Prinzip lässt sich leicht auf verschiedene Bereiche übertragen und wurde mit der Zeit durch ökonomische und soziale Aspekte ergänzt.

Um die Nachhaltigkeit aber in ihrem ökologischen Sinn zu betrachten, müssen wir uns dem Zustand unseres Planeten zuwenden. Zwar haben Sie sicherlich eine Ahnung von Klimaerwärmung, Artensterben und Ozonschichtbeschädigung, aber einer genauen Vorstellung der Bedeutung dessen sind sich die meisten Menschen nicht bewusst.

Hierzu betrachten wir zunächst einmal die im Jahr 2009 von einer Reihe an Umweltforschern formulierten „planetaren Grenzen". Es handelt sich dabei um neun ökologische Grenzen, deren Überschreitung die Lebensgrundlagen der Menschen und die Funktion des Ökosystems gefährdet. Einige davon wurden bereits überschritten, wie die Werte zur Klimaerwärmung, zum Artensterben, zur Landnutzung und zum Erhalt der Stickstoff- und Phosphorkreisläufe der Erde.[3]

Alles in allem lässt sich zusammenfassen, dass die moderne Gesellschaft durch ihr System in einer rapiden Geschwindigkeit an den Ressourcen und den lebenden Bestandteilen unserer Erde nagt und sie somit zerstört. Wenn wir diese Zerstörung verhindern wollen, müssen wir genau jetzt handeln, denn ansonsten ist es zu spät und wir

---

[3] Umweltbundesamt 2020a

bräuchten nach kürzester Zeit eine neue Erde mit ähnlichen Ressourcen, um die Bedürfnisse der Weltbevölkerung zu decken. Dies ist, wie Sie sicher festgestellt haben, kein realistischer Ansatz und geht nicht ansatzweise mit einem selbstkritischen Denken einher, denn es liegt einzig und allein an uns, den Bewohnern dieses Planeten, dieses Problem zu lösen. Der Treibhauseffekt muss eingedämmt und die Ressourcennutzung verantwortungsbewusster werden, damit auch noch unsere Enkel den Planeten bewohnen können.

Welche Rolle spielt das CO_2 in diesen schädlichen Prozessen? Zwar gibt es noch einige andere Gase, wie zum Beispiel Methan oder Lachgas, die einen wichtigen Anteil am Treibhauseffekt haben, jedoch bestimmt Kohlenstoffdioxid (CO_2) 80 % davon. Dieser hauptsächlich durch die Verbrennung fossiler Brennstoffe freigesetzte Stoff befindet sich zurzeit bei einer Konzentration von 400 Teilchen pro Millionen in der Erdatmosphäre. Um das erklärte 1,5°C-Ziel zu erreichen, müsste sich dieser Bestandteil um mindestens 50 Teilchen verringern. Stiege er allerdings stattdessen um 50 Teilchen, sprechen die Forscher von einer sogenannten

„Hochrisikozone", in der es kaum noch Hoffnung auf eine „Heilung" der Erde gibt.[4]

Die erfreuliche Nachricht ist, dass die seit 1990 gemessenen CO_2-Werte Deutschlands seitdem stetig sinken. Vor allem, da sich die Nutzung der Stromgewinnung von Stein- und Braunkohle-Energie stark senkt und das Umweltbewusstsein der Menschen immer besser wird, waren es im Jahr 2018 „nur" 866 Mio. Tonnen CO_2 unseres Landes, während 1990 noch 1.251 Mio. Tonnen auf unsere Kappe gingen. Leider ist die derzeitige Entwicklung immer noch entschieden zu langsam. Um das Klimaziel 2030 von 563 Mio. Tonnen zu erreichen, müsste sich die jährliche Minderung verdreifachen und für eine geplante Treibhausgasneutralität in 2050 versiebenfachen, was vom jetzigen Standpunkt aus beinahe unmöglich scheint.

In Deutschland verbraucht jeder Bürger durchschnittlich pro Jahr ungefähr **11 Tonnen.** Bedeutend besser, aber immer noch nicht gut, schneiden hier Länder wie Großbritannien mit 7,7 t pro Kopf pro Jahr und Frankreich mit 7,2 t ab. Um die globalen Klimaziele einzuhalten, dürfte jeder Deutsche nur noch **2 Tonnen** jährlich verbrauchen.

---

[4] Weltklimarat (IPCC) 2018

Merken Sie sich diesen Wert gut – er hilft Ihnen in diesem Buch, Ihren persönlichen Verbrauch einzuordnen.

Verteilung der CO_2-Emissionen in Deutschland[5]

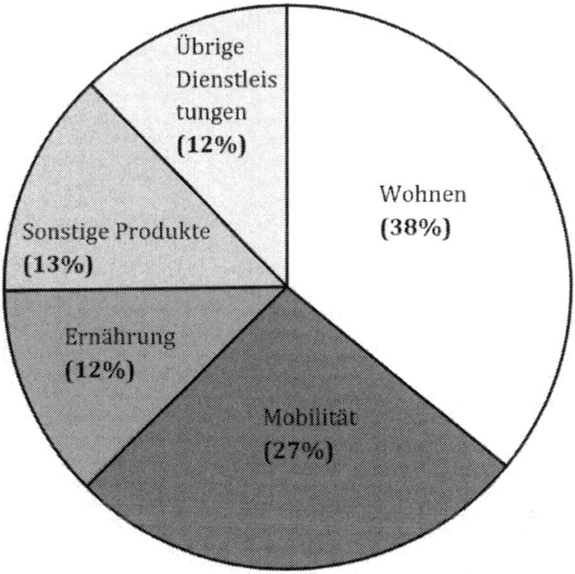

In Privathaushalten gehen die meisten Emissionen für Heizung und generelle Wohnbereiche drauf, ebenso wie für Strom und Wasser. Anschließend folgen Verkehr, Ernährung und sonstige Produkte

---

[5] Umweltbundesamt 2020b (eigene Darstellung)

oder Dienstleistungen. Genaueres erfahren Sie im Internet auf der Seite *www.uba.co2-rechner.de*. Hier erfahren Sie genau, welche Dinge für wie viel CO_2 verantwortlich sind und haben einen guten Ansatzpunkt zur eigenen Verbesserung.
Eine ebenfalls gute Möglichkeit, um eine bessere Vorstellung der Nachhaltigkeit des eigenen Lebens zu bekommen, bietet die Berechnung des *ökologischen Fußabdrucks*. Hierbei handelt es sich um eine Art „Nachhaltigkeitsmesser", der durch die Summe vieler verschiedener Faktoren berechnet, wie groß der eigene Einfluss auf die Umwelt und die Gesellschaft ist und inwiefern Sie Ihr eigenes Verhalten verbessern können. Je niedriger der Ergebniswert ausfällt, desto positiver ist Ihr Verhalten in Bezug auf die Nachhaltigkeit Ihres Lebensstils. Im Internet gibt es mehrere Webseiten mit einem entsprechenden Programm, wie zum Beispiel *www.footprintcalculator.com*.

Darüber hinaus lässt sich mit Hilfe des *ökologischen Fußabdrucks* ermitteln, wie viele Erden benötig werden, falls jeder Bewohner einen deutschen Lebensstil führen würde. In diesem Fall wären es 3 Erden – als US-Bürger sogar 5. Der globale Durchschnittswert liegt bei 1,7. Dies visualisiert auch ein anderer Messwert – der *„Earth*

Overshoot Day". Dieser Tag wird jedes Jahr neu berechnet und gibt an, ab welchem Zeitpunkt wir mehr erneuerbare Ressourcen verbrauchen, als unser Planet in einem Jahr erneuern kann. Im Jahr 2020 fiel dieser Tag auf den 22 August. Im Jahr 2000 war es „noch" der 23. September.[6] Über eine gewisse Zeitspanne kann die Erde diese Überverhältnismäßigkeit vertragen, aber dieser Zeitraum ist endlich. Ab einem bestimmten Zeitpunkt treten sogenannten Kipppunkte ein. Darunter werden Prozesse verstanden, die sich beim Überschreiten bestimmter Schwellenwerte unumkehrbar immer weiter fortsetzen - wie z. B. der Klimawandel.

Auch wenn die Alarmglocken bereits läuten, gibt es noch Hoffnung. Das Beispiel der Forstwirtschaft hat gezeigt, dass die Menschheit in der Lage ist, sich zu ändern. Die bevorstehenden Herausforderungen sind allerdings um Einiges komplexer als die Holzknappheit in der Neuzeit, da das gesamte Öko- und Klimasystem eingebunden ist. Um einen Kollaps zu verhindern, muss jeder seinen Teil dazu beitragen. Mit den folgenden Tipps können Sie Ihren Beitrag leisten.

---

[6] Global Footprint Network 2020

Teil A – zu Hause

Strom - Wie Sie jährlich über 200 Euro an Stromkosten einsparen

Eine Kilowattstunde (kWh) Strom kostet in Deutschland aktuell durchschnittlich 0,32 Euro. Davon verbraucht eine einzelne Person jährlich circa 1.400 kWh, was insgesamt circa 448 Euro an Stromkosten ergibt. Außerdem verbraucht eine Kilowattstunde hier in Deutschland circa 400g CO_2, was wiederum auf die einzelne Person gerechnet im Jahr 560 kg CO_2-Emissionen bedeutet – denken Sie an die empfohlenen 2 Tonnen pro Person! Wen sein eigener Verbrauch interessiert, kann auf der Seite *www.co2online.de* seine individuellen Werte testen.

Hier werden auch Daten wie die Größe des Haushaltes berücksichtigt, die unter Umständen den Verbrauch pro Kopf deutlich senken. Um den Kosten- und CO_2-Faktor Strom zu verbessern, gibt es viele Ansatzmöglichkeiten, die unkompliziert und schnell umzusetzen sind.

Durchschnittlicher Stromverbrauch in pro Jahr und Person[7]

Tätigkeit	**Ø verbrauchte kWh**	**Ø Kosten (€)**
Informations-technik sowie TV und Audio (27%)	378 kWh	120,96 €
Kühl und Gefrier-geräte (17%)	238 kWh	76,16 €
Waschen und Trocknen (13%)	182 kWh	58,24 €
Kochen (11%)	154 kWh	49,28 €
Licht (9%)	126 kWh	40,32 €
Spülen (7%)	98 kWh	31,36 €
Sonstiges (16%)	224 kWh	71,68 €
Summe ∑	**1.400 kWh**	**448,00 €**

[7] Umweltbundesamt 2018 (eigene Berechnung)

Beleuchtung

Insbesondere bei Licht lohnt es sich, über den Tellerrand hinauszublicken und offen für Neues zu sein. Neben logischen Handlungsweisen wie dem Ausschalten der Beleuchtung beim Verlassen eines Raumes, lassen sich gerade bei der Wahl der Glühlampe sparende Alternativen finden. Werfen Sie einmal einen Blick auf die reiche Palette an Energiesparlampen (sparen bis zu 80 % des bisher verbrauchten Stroms) und LEDs (sparen bis zu 90 % des bisher verbrauchten Stroms). Sie sind zwar teuer in der Anschaffung, aber halten deutlich länger und benötigen teilweise nicht mal ein Zehntel an Strom, um dieselbe Helligkeit zu erzeugen, was eine Gesamtersparnis von 36,29 Euro ergibt.

Vor dem Kauf einer alternativen Glühlampe sollten Sie allerdings noch auf zwei Dinge achten. Zunächst gilt es, die vorhandene Fassung genauer unter die Lupe zu nehmen, denn nicht immer passen LED-Leuchten auch in die vorhandenen Umrandungen. Zweitens gibt es sehr viele unterschiedliche Varianten, die für die richtige Auswahl einer genaueren Erklärung bedürfen. Die Helligkeit wird in „Lumen“ gemessen.

Je höher die Zahl, desto heller die Lampe. Oftmals befindet sich auf der Verpackung aber auch eine Wattangabe, die eine vergleichbar helle herkömmliche Glühbirne definiert. Die Lichtfarbe hingegen steht in „Kelvin“ auf der Packung. Unterschiedliche Räume lassen sich wunderbar mit verschiedenen Wärmestufen gestalten. Ein Wohnzimmer zum Beispiel braucht nur gemütliche 2.700 Kelvin, während es sich im Arbeitszimmer auch gut mit 4.000 Kelvin aushalten lässt. Je höher der Wert an dieser Stelle ist, desto kälter empfindet der Kunde das Licht.

Kühlschrank

Ein Kühlschrank ist, wie in der obigen Grafik zu erkennen, ein wahrer Stromfresser. Zunächst gilt es, das Gerät in der Küche richtig zu positionieren. In direkter Sonneneinstrahlung oder neben dem Backofen oder einer Heizung hat er nichts verloren, da die externen Quellen dem Kühlen stark entgegenwirken. Auch empfiehlt es sich, wie bei allen elektronischen Geräten, auf die Effizienz zu achten, die leider häufig Hand in Hand mit dem Alter des Apparates geht. Spätestens nach fünfzehn Jahren sollte man sich ein neues Modell anschaffen, auch wenn das alte noch einwandfrei funktioniert, um damit bis zu 70 Euro im Jahr an Stromkosten zu sparen.

Nun geht es ins Innere des Kühlschranks. Hier sollten Sie darauf achten, dass die unterschiedlichen Fächer auch unterschiedliche Temperaturen haben. Dies passiert meist ganz automatisch, da auch in einem Kühlschrank gilt: Warme Luft steigt nach oben und kalte Luft sinkt ab. Wenn Sie deswegen die Gesamttemperatur auf 7°C einstellen, sollte die Verteilung genau richtig sein. Möchten Sie dennoch nachmessen, so tun Sie dies am besten so mittig wie möglich. Zur optimalen Kältezonenverteilung:

- **oberer Bereich:** ca. 7 - 8°C

In diesen Bereich gehören nicht so leicht verderbliche Lebensmittel

- **mittlerer Bereich:** ca. 5°C

Hier lagern Sie am besten leicht verderbliche Lebensmittel wie Quark oder Joghurt. Auch manche Wurst- und Käsesorten mögen es nicht zu kalt.

- **unterer Bereich:** ca. 2 - 4°C

Hier gehören die am allerschlechtesten haltbaren Lebensmittel wie Fleisch oder roher Fisch hinein.

- **Gemüsefach:** ca. 6 - 8°C

Was denken Sie, warum es „Gemüsefach“ heißt...

- **Tür:** ca. 4 (unten) - 11°C (oben)

Oben dürfen Eier und Butter Platz nehmen, während der Getränkehalter nach wie vor optimal für Getränke ist....

Was eigentlich selbstverständlich sein sollte, aber doch von einigen Menschen immer noch nicht berücksichtigt wird, ist das Schließen der Tür. Bei jedem Öffnen der Kühlschranktür fliegen 0,3 Cent an Stromkosten zum Fenster hinaus, was über das Jahr gesehen immerhin eine Menge von 6,60 Euro ausmacht. Reduzieren Sie daher das Aufmachen der Tür auf so wenig wie möglich, idealerweise nur auf zwei Mal vor und nach den Mahlzeiten. Ebenfalls viel Energie geht beim Herunterkühlen gerade zubereiteter Restmahlzeiten verloren, weswegen es sich als ratsam erweist, warme Reste vorerst außerhalb abkühlen zu lassen.

Auch sollten Sie sich fragen, was überhaupt alles gekühlt werden muss, denn auch in diesem Bereich gibt es über gewisse Lebensmittel immer wieder Missverständnisse. Hier die Aufklärung einiger Mythen:

- Avocados reifen viel besser bei Zimmertemperatur nach.

- Bananen bekommen braune Flecken durch die Kühlschrankkälte.
- Basilikum welkt im Kühlschrank.
- Brot trocknet im Kühlschrank aus.
- Honig kristallisiert im Kühlschrank.
- Kaffee nimmt im Kühlschrank Gerüche auf und verliert zusätzlich an Geschmack.
- Kartoffeln sollten dunkel und kühl lagern, allerdings ist es ihnen im Kühlschrank deutlich zu kalt.
- Knoblauch und Zwiebeln schimmeln im Kühlschrank.
- Olivenöl wird bei viel Kälte ranzig.
- Tomaten verlieren im Kühlschrank an Aroma.
- Zitronen vertragen überhaupt keine Kälte.

Zwei letzte Tipps sollten Sie im Umgang mit Ihrem Kühlschrank noch beachten: Erstens darf sich auf keinen Fall eine Eisschicht im Inneren bilden, da dies von innen gegen die Kälte dämmt und somit zu einem erhöhten Stromverbrauch bis zu 50 % führen kann. Zweitens sollten Sie bei längerer Abwesenheit Ihren kalten Freund dringend leeressen und abschalten, um Umwelt und Geldbeutel zu schonen.

Kochen

Auch am Herd und am Backofen wird häufig sehr viel mehr Strom verbraucht, als eigentlich benötigt. Ein einfaches Vergessen des Topfdeckels verursacht für dieselbe Wirkung auf die Speise etwa dreimal so viel Strom. Verhindern Sie diesen Flüchtigkeitsfehler, sparen Sie etwa 33,02 Euro im Jahr. Falls es sich bei der erhitzten Materie lediglich um Wasser handelt, sollten Sie hier auf den deutlich effizienteren Wasserkocher umsteigen. Wenn es um den Backofen geht, gibt es ebenfalls einiges zu beachten. So ist hier oftmals das Vorheizen, auch wenn es so im Rezept steht, völlig unnötig und verbraucht ungenutzte Energie, genau wie das Backen in anderen Modi als der Umluft. Auch sind die vorgegebenen Backzeiten eher etwas zu lang als zu kurz. Drehen Sie die Hitze lieber mal ein wenig vorher herunter und genießen Sie auch hier die Stromersparnis.

Besser als ihr Ruf ist die Spülmaschine. Ein wirklich effizientes Gerät braucht weniger Wasser als eine durchschnittliche Handwäsche. Stellen Sie zusätzlich den „ECO-Spülgang“ bei 50°C ein. Er dauert zwar etwas länger, aber spart ungefähr 10 Cent gegenüber einem kürzeren Waschgang an Stromkosten ein. Bei einem Waschgang pro Tag sind das über das Jahr gerechnet 36,50 Euro.

Waschen & Trocknen

Wie schon bei der Wassererersparnis lassen sich in diesem Gebiet auch große Chancen zur Stromersparnis finden. Pro Jahr gehen in Deutschland ganze 5.600 Gigawattstunden (GWh) Strom auf die Kappe unserer Waschmaschinen. Mit dieser Strommenge könnte man die Stadt Berlin für circa ein ganzes Jahr versorgen.

Um selber in diesem Bereich besser zu werden, sollte die Waschmaschine zunächst an eine Warmwasserleitung angeschlossen werden. Das erspart das Erhitzen des Wassers in der Maschine und spart wertvollen Strom. Des Weiteren gibt es auch hier stromsparende ECO-Programme, die die Kosten für einen Waschgang um bis zu 16 Cent verringern. Bei einem Waschgang pro Woche wären das immerhin 8,32 Euro im Jahr. Gerade bei den Trocknungsvorgängen sollte ebenfalls auf einen stromsparenden Modus geachtet werden.

So lassen sich mit 1.000 Umdrehungen pro Minute statt mit den herkömmlichen 1.400 bis zu 40 % der anstehenden Stromkosten verhindern. Soll die Wäsche nach dem Trocknen noch gebügelt werden, erzeugt man mit der Einstellung „Bügeltrocken“ anstelle von „Schranktrocken“

wertvolle Zeit und Energie. Auch das Flusensieb sollte nach jedem Trocknungsvorgang geleert werden, da durch dessen Verstopfung nicht nur die Zeit des Trocknungsprozesses verlängert wird, sondern auch ein Trocknerbrand nicht ausgeschlossen werden kann.

Elektronische Geräte

In diesem Bereich braucht es nur ein einziges Wort: Standby. Auf einer durchschnittlichen deutschen Stromrechnung stammen circa 10 – 20 % der Kosten (circa 45 Euro) aus angeschlossenen und ungenutzten Geräten. Benutzen Sie daher schaltbare Steckdosen oder Steckerleisten. Eine Überlegung wert wären auch sogenannte Master/Slave - Steckdosenleisten, in denen nur gewisse Geräte ausgeschaltet werden. Ein Drucker zum Beispiel leidet nämlich unter einer ständig unterbrochenen Stromleitung. Schon beim Kauf aller Elektrogeräte sollten Sie auf ihre Energieeffizienz achten.

Der „Rebound-Effekt“

Manchmal kann es passieren, dass wir trotz dem Einsatz sparsamerer Geräte sogar einen höheren Verbrauch haben. Wie kann dies sein? Ein Beispiel dazu: Jemand kauft sich ein neues Auto, was anstatt der bisherigen acht Liter nur fünf Liter Benzin verbraucht. Diese Person denkt sich nun: *„Weil ich durch mein sparsameres Auto so viel CO2 spare, fahre ich jetzt einfach viel mehr Strecken mit dem Auto als früher“.* Dieser Bumerangeffekt wird in der Energieökonomie auch als Rebound-Effekt bezeichnet. Entgegensteuer lässt sich dem nur mit einem gesteigerten Bewusstsein für seine Handlungen.

Auf Ökostrom umsteigen

Eine gute Möglichkeit, besonders den Nachhaltigkeitsaspekt in Ihrem Stromverbrauch hervorzuheben, ist der Umstieg auf ökologisch erzeugten Strom. Dieser erzeugt nur ungefähr 35 g CO_2 pro Kilowattstunde, wodurch im Jahr lediglich 49 kg CO_2 emittiert werden. Auch finanziell waren im Jahr 2019 die Ökostrombezieher besser dran. Sie zahlten durchschnittlich 2,1 Cent weniger als die Bezieher beim örtlichen Grundversorger.

Darüber hinaus unterstützt Ökostrom die Energiewende, da die dort beschäftigten Unternehmen oftmals in rund um erneuerbare Energien wie dem Solarstrom oder Windparks investieren. Doch auch an dieser Stelle sollten Sie sich vor Etikettenschwindel in Acht nehmen, denn der Begriff Ökostrom ist nicht genau definiert. Wirklich sicher, dass Ihr Strom aus einer seriösen und kontrollierten Quelle bezogen wird, dürfen Sie sich jedoch bei den Labels *„ok-Power“* und *„Grüner-Strom“* sein.

Ökostrom selbst erzeugen

Eine weitere finanziell lukrative Möglichkeit ist die eigene Strom- und Wärmeerzeugung. Dafür empfehlen sich die sogenannten Photovoltaikanlagen, die Sie auf Ihrem Dach anbringen können. Diese durch Solarenergie

betriebenen Platten sind in den letzten Jahren preislich stark gesunken. Die Investition rentiert sich nach ca. 8 - 10 Jahren. Allerdings sollten Sie nicht vergessen, dass sich längst nicht der gesamte Energieverbrauch damit decken lässt, denn es scheint nicht jeden Tag die Sonne. Andererseits können Sie überschüssig produzierten Strom ins öffentliche Stromnetz einspeisen und bekommen eine für 20 Jahre festgelegte Vergütung.[8] Kombiniert mit einem cleveren Smart-Home-System ist
diese Investition allemal eine Überlegung wert.

Sparbox „Strom“

Tätigkeit	**Einsparungen pro Jahr und Person (kWh, €*, CO_2)**		
Beleuch-tung	113,4 kWh	36,29 €	45,36 kg
Kochen & Spülen	239,23 kWh	76,60 €	95,69 kg
Kühl-schrank	119,43 kWh	38,22 €	47,77 kg
Waschen	26 kWh	8,32 €	10,4 kg
Standby vermeiden	140 kWh	44,80 €	56,00 kg
Summe Σ	**751,06 kWh**	**204,24 €**	**255,22 kg**

*32 Cent pro Kilowattstunde

[8] Umweltbundesamt 2020c

Trinkwasser - Wie Sie jährlich über 27.000 Liter Wasser sparen

Trinkwasser ist wichtigste Lebensmittel der Menschheit und deswegen ein kostbares Gut, mit welchem verantwortungsbewusst umgegangen werden sollte. Dennoch verbraucht ein durchschnittlicher Deutscher circa 127 Liter am Tag und damit 46.355 Liter im Jahr. Damit belegt die deutsche Bevölkerung im internationalen Vergleich den 13. Rang. Der höchste Wasserkonsum findet mit Abstand im Badezimmer statt. Duschen, Baden, die tägliche Pflege und die Toilettenspülung stehen mit großem Abstand vor dem Wäschewaschen und anderen täglichen Aktivitäten.

Durchschnittlicher Wasserverbrauch ***pro Jahr*** *und Person*[9]

Tätigkeit	Ø Liter	Ø Kosten
Badezimmer (36%)	16.684 Liter	73,57 €
Toilette (27%)	12.482 Liter	55,03 €
Wäsche (12%)	5.563 Liter	30,96 €
Kleingewerbe (9%)[9]	4.188 Liter	18,46 €
Geschirrspülen (6 %)	2.792 Liter	12,31 €
Putzen, Garten, Auto (6%)	2.792 Liter	12,31 €
Essen/Trinken (4%)	1.854 Liter	22,82 €
Summe ∑	**46.355 Liter**	**225,46 €**

Durchschnittlicher Wasserverbrauch ***pro Tag*** *und Person*

Tätigkeit	Ø Liter
Baden/Duschen/Pflege	46 Liter
Toilettenspülung	34 Liter
Wäsche waschen	15 Liter
Kleingewerbe	11 Liter
Geschirrspülen	8 Liter
Reinigung, Autopflege, Garten	8 Liter
Essen und Trinken	5 Liter
Summe ∑	**127 Liter**

9 *Quelle:* BDEW Bundesverband der Energie- und Wasserwirtschaft e.V. 2020 (eigene Darstellung)

Doch hat dieser hohe Verbrauch wirklich seine Berechtigung? Nein - so lässt sich diese Frage ganz klar beantworten, denn oftmals passiert dieser immense Verbrauch unbewusst und ohne böse Absicht, die sich nicht nur auf den Geldbeutel, sondern auch auf eine gewisse Verantwortung gegenüber der globalen Gesellschaft auswirkt.

Trinkwasser ist weltweit ein sehr kostbares Gut und kommt in vielen Ländern nicht in unendlichem Maße aus dem Wasserhahn. Allein aus Respekt und Wertschätzung dieser unentbehrlichen Ressource sollten wir alle darauf achten, bewusst damit umzugehen. Umso besser, wenn Sie dadurch große Mengen an Geld sparen können!

Duschen statt Baden

Während Duschen in der Minute ungefähr 15 Liter verbraucht, ist eine Badewanne erst mit circa 120 Litern befüllt (je nach Größe der Wanne). Keine Angst, das bedeutet keineswegs, dass Sie die heimische Badewanne bis ans Ende Ihrer Tage nicht mehr betreten dürfen. Sorgen Sie vielmehr dafür, dass das Baden zu einem besonderen Genusserlebnis wird, was Sie sich nur selten als Belohnung für persönliche Erfolge oder ähnliches gönnen. Natürlich kommt es aber ebenso auf die Dauer Ihrer Dusche an, denn auch hierbei kann man ohne Probleme den Wert einer vollen Wanne überschreiten. Auch was die Kosten für das benutzte Wasser betrifft, spielt die Länge des Duscherlebnisses eine entscheidende Rolle. So kosten fünf Minuten täglich im Jahr durchschnittlich 30,66 Euro, während zehn Minuten täglich den Preis auf das Doppelte erhöhen.

Um auch während Sie sich abbrausen auf Ihren Wasserverbrauch zu achten, empfiehlt es sich, das Thermostat oder den Durchlauferhitzer immer auf derselben optimalen Position zu halten, da die Jonglage mit warm und kalt schnell einmal an die sechs Liter verbraucht. Sollten Sie nur Ihre Hände unter den Hahn halten, ist es ebenso unnötig, den Hahn auf ganz warm zu drehen, denn der Seife ist die Temperatur bei der Entfernung von Schmutz völlig gleichgültig.

Durchflussbegrenzer

Das Prinzip ist so simpel und doch ist er so effektiv - der Durchflussbegrenzer. Er sorgt in Wasserhähnen und Duschköpfen für eine unglaubliche Ersparnis von etwa 84.000 Litern pro

Person/Jahr. Verbunden mit gut abgedichteten Armaturen - tropfende Exemplare klauen im Jahr bis zu 1.000 Liter Wasser - ist er die perfekte Möglichkeit, einfach und unkompliziert die Sparsamkeit in professionelle Hände abzugeben. Kein Aufwand, aber maximale Ergebnisse.

Wie wir bereits festgestellt haben, verbraucht eine normale Dusche in der Minute an die 15 Liter. Haben Sie einen Durchflussbegrenzer, sind es nur sieben. Er erspart Ihnen also bis zu 7.665 Liter pro Person/Jahr! Gerade unter der Dusche leisten Ihnen aber auch ein Strahlregler oder ein Wassersparduschkopf gute Dienste, die ebenfalls zu einer Wasserkostenersparnis von bis zu 50 % führen können.

Toilettenspülung

Die zweitgrößte Wasserverbrauchsquelle nach dem Baden oder Duschen verbirgt sich in Ihrem Toilettenspülkasten. Pro Person im Jahr gehen dabei gute 8.439 Liter Trinkwasser in der Kanalisation verloren. Je nach Modell und Alter der Toilettenspülung kann ein Spülvorgang bis zu 12 Liter Wasser in Anspruch nehmen. Der erste naheliegende Schritt wäre also, das eigene Exemplar unter die Lupe zu nehmen und bei einem

Verbrauch über zehn Litern auszutauschen. Bei der Auswahl einer neuen Variante hilft Ihnen die letzte Ziffer der Prüfnummer, die angibt, wie viele Liter Wasser für einen Spülvorgang benötigt werden. Die Anschaffung eines neuen Spülsystems kann zwar durchaus zwischen 150 und 250 Euro liegen, lohnt sich jedoch mittelfristig wieder, wenn man die ersparten Wasserkosten verrechnet.

Eine weitere Möglichkeit für die richtige Dosierung zu sorgen, bietet ein sogenannter Wasserstopp. Simpel einzubauen und günstig erhältlich, sorgt diese Investition im Spülkasten für einen frühzeitigen Stopp des durchlaufenden Wassers, der bis zu 66 % des verbrauchten Wassers erspart. Sie werden sicherlich lachen, aber auch ein Ziegelstein in Ihrem Spülkasten hat eine ähnliche Wirkung. Durch sein Volumen kann er pro Spülgang um die zwei Liter zurückhalten.

Abgesehen davon, dass die wohl einfachste und effektivste Möglichkeit, das Wasser zu dosieren, in einer manuellen Betätigung der Spülung liegt und sich individuell nach dem Umfang der Hinterlassenschaften richten sollte, empfiehlt sich noch eine weitere Lösung für das Wasserproblem ganz besonders: eine Regenwassernutzungsanlage.

Warum benutzen Sie nicht ohnehin in Form von Regen vorhandenes Wasser für Ihre Spülung? Das auch für den Garten oder die Waschmaschine benutzbare System ist zwar etwas aufwendiger in der Anschaffung, spart Ihnen aber bis zu 50 % Ihrer gesamten Wasserkosten und verringert damit bei einer vierköpfigen Familie den Preis der Wasserabrechnung um ganze 300 Euro, sodass Sie nicht nur im nachhaltigen Sinne etwas Gutes getan haben.

Waschen

Ganz davon abgesehen, dass jährlich deutschlandweit 600.000 Tonnen Waschmittel und 220.000 Tonnen Weichspüler aufgebraucht werden, die nicht nur extrem teuer, sondern auch voller schädlicher Chemikalien und Zusatzstoffe sind, welche ins Grundwasser und in Kontakt mit unserer Haut kommen, verbrauchen die deutschen Waschmaschinen im Jahr ganze 450.000.000.000 Liter Wasser.[10]

Um in Ihrem eigenen Haushalt diesen immensen Wert zumindest ein bisschen zu senken, gibt es einige Grundregeln: Waschen Sie immer

---

[10] NABU 2020

volle Waschmaschinen. Damit ist nicht nur Ihre Wäsche schneller fertig, sondern der beladene Innenraum schont zusätzlich die einzelnen Wäschestücke. Wenn Sie ein wenig Zeit haben und auf schwer zu pflegende Teile besonders viel Wert legen möchten, lohnt es sich, nicht nur der Wasserersparnis zuliebe, einige Exemplare mit der Hand zu waschen. Auch bei Anlässen wie einem Urlaub, in der Sie nur ein paar frische Unterhosen benötigen, müssen Sie nicht gleich die Maschine anwerfen.

Wie bei allen Haushaltsgeräten, gilt auch bei der Waschmaschine das Prinzip – Je neuer, desto sparsamer. Während ein 15 Jahre altes Modell gerne bis zu 100 Liter Wasser pro Waschgang benötigt, spart ein neues Modell über die Hälfte an Wasser und Strom ein.

Wichtig zu wissen ist außerdem, dass Kurzwaschprogramme deutlich mehr Wasser und auch Strom verbrauchen als längere Waschgänge, da mehr Energie aufgebracht wenden werden muss, um das Wasser in kurzer Zeit zu erhitzen. Auch schwindet bei längeren Waschgängen das Risiko, Ihre Sachen durch Eingehen oder Ausleihern zu zerstören.

Im Garten

Zwar verbraucht ein durchschnittlicher Garten nicht enorm viel Wasser - es gibt ja zum Glück den Regen - doch auch in diesem Bereich finden sich einige Tipps und Tricks, die es im Hinblick auf die Wasserabrechnung zu beherzigen gilt.

Besonders der Garten eignet sich für die Benutzung von Abwasser und/oder Regenwasser. Wenn Sie sich nicht für den Einbau einer Regenwassernutzungsanlage entschieden haben, tun es auch eine einfache Regentonne oder ein Wassertank, die alles Nötige auffangen und beispielsweise beim Auffüllen einer Gießkanne den Wasserhahn ersetzen. Auch das Abwasser aus der Küche lässt sich ohne Probleme für den Garten verwenden. Waschen Sie Obst und Gemüse einfach in einer Schüssel oder nutzen Sie vom Kochen Übriggebliebenes - Ihre Blumen werden es Ihnen danken.

Achten Sie vor dem Gießen darauf, vor allem nach längeren Trockenperioden, die Erde an der Pflanze etwas zu lockern oder sogar aufzuhacken. So gelangt das Wasser schneller an die Wurzeln und kann besser dosiert werden. Auch der

Zeitpunkt des Gießens ist enorm wichtig. Sie sollten in keinem Fall in der prallen Mittagssonne Ihre Pflanzen oder den Rasen wässern, sonst lässt die Sonne die Wassertropfen schnell verdunsten und es kann aufgrund des Lupeneffekts der spiegelnden Wassertropfen sogar zu Verbrennungen an der Pflanze kommen. Wählen Sie deshalb immer Zeitpunkte am frühen Morgen oder in den Abendstunden, um den Garten mit zusätzlichem Wasser zu versehen. Auch darf die Menge nicht übermäßig sein. Greifen Sie daher anstelle des herkömmlichen Rasensprengers bei der Bewässerung einzelner Pflanzen lieber zu einzelnen Tropfschläuchen. Hier haben Sie die Möglichkeit, die Wassermenge optimal und individuell auf die Pflanze abgestimmt zu dosieren, anstatt grob jedem Gewächs die gleiche Pflege, unabhängig von ihren Bedürfnissen, aufzuzwingen.

Möchten Sie Ihren Rasen perfekt pflegen, so empfiehlt es sich, nicht jede Woche mit dem Rasenmäher über die Gräser zu fahren. Findet dieser Prozess zu häufig statt, kann es zu einer unerwünschten Vertrocknung der Grünfläche kommen, die nicht nur optisch unschön ist, sondern logischerweise auch eine häufigere Bewässerung nach sich zieht.

Sparbox „Wasser"

Tätigkeit	Einsparungen pro Jahr und Person (Liter & €*)	
Durchflussbegrenzer	8.395 Liter	41,16 €
Kochen & Spülen	8.439 Liter	41,35 €
Duschen	7.665 Liter	37,51 €
Waschen	3.285 Liter	16,10 €
Summe Σ	**27.784 Liter**	**136,12 €**

*0,49 Cent pro Liter

Heizen - Durch cleveres Heizen über 300 Euro im Jahr sparen

Das Heizen ist, genau wie beim Strom- und Wasserverbrauch, eine wunderbare Möglichkeit, die eigene Finanzlage zu verbessern, denn viele geben in diesem Bereich viel zu viel Geld an den falschen Stellen aus. Pauschal kann man nicht von einem bestimmten Geldbetrag an der Heizkostenfront ausgehen, denn der Verbrauch hängt vom Energieträger und der individuellen Wohnsituation ab. Ältere Häuser haben beispielsweise meist eine ziemlich schlechte Wärmedämmung und 200 m^2 sind ohne Frage teurer zu beheizen als nur 50 m^2. Betrachtet man allerdings einen durchschnittlichen, mit Gas beheizten Haushalt, so ergaben sich im Jahr 2019 ein Verbrauch von 131 kWh, Kosten von 10,22 € und 32,36 kg CO_2-Emissionen pro Quadratmeter. Rechnet man dies auf einen 80 qm Haushalt um, erhält man jährliche Kosten von 818 Euro bei 10.480 kWh und verursacht 2.589 kg CO_2-Emissionen.[11] Ganz schön teuer, oder? Doch wie schaffen Sie es, hier der Umwelt und an dieser Stelle ganz besonders Ihrem Geldbeutel etwas Gutes zu tun?

Raumtemperatur regulieren

Eine wichtige Maßnahme zur Ersparnis von Heizkosten liegt in der individuellen Regulierung der einzelnen Räume. Während im Badezimmer ohne Probleme ein molliges Klima von 23°C herrschen darf, ist eine derartige Hitze im Schlafzimmer eher ungesund. Hier empfehlen sich eher 15° - 20°C, je nach Wohlbefinden. Wesentlich ist hierbei das richtige Verständnis des Thermostats. Die Skalierung richtet sich meist nach den folgenden Werten:

- Aus: ca. 7°C

---

[11] Umweltbundesamt 2020d

- Stufe 1: ca. 12°C
- Stufe 2: ca. 16°C
- Stufe 3: ca. 20°C
- Stufe 4: ca. 24°C
- Stufe 5: ca. 28°C

Jedes Grad, das bei der Regulierung der Raumtemperatur eingespart wird, senkt die Heizkosten um 6 %, also circa 35 Euro, doch es ist Vorsicht geboten: Die Temperatur sollte in den Wohnräumen nicht unter 15°C fallen. Passiert dies doch, herrscht akute Schimmelgefahr, da Feuchtigkeit an den kalten Wänden kondensiert.

Werden die Räume jedoch zu warm, sinkt die benötigte Luftfeuchtigkeit drastisch und das dementsprechende Risiko für Atemwegserkrankungen und Erkältungen steigt an, sodass die erhöhten Heizkosten nun Ihr geringstes Problem sind. Falls es Zimmer in Ihrem Haus gibt, die die Wärme schlecht aufnehmen, versuchen Sie es mit Teppichen. Diese binden die Wärme und geben dem Raum nicht nur optisch ein kuschliges Flair. Schließen Sie außerdem nachts unbedingt die Rollläden, die je nach Modell und Fensterart zwischen 35 und 80 % des Wärmeverlustes verhindern.

Haben Sie alle Temperaturen richtig eingestellt, ist es entscheidend, die Türen zwischen den unterschiedlich beheizten Zimmern zu schließen, damit Ihre Regulierung auch in der Umsetzung funktioniert. Außerdem verhindern Sie so erneut die Kondenswasserbildung an den kalten Wänden. Ich halte zum Beispiel die Schlafzimmertüre immer geschlossen. Wenn Sie das Haus tagsüber verlassen, empfiehlt es sich, die Heizung nicht ganz auszustellen, sondern nur um ein paar Grad herunterzudrehen. Denn ein erneutes Aufheizen verbraucht meist mehr Energie.
Für das „Drumherum" empfiehlt es sich langfristig, in eine gute Dämmung des Hauses zu investieren. Auch sollten sowohl Türen und Fenster möglichst dichthalten, damit keinesfalls Energie verloren geht.

Können Sie eine optimale Dichtung gewährleisten, haben Sie bereits weitere 35 Euro an Kosten gespart. Denken Sie ebenfalls darüber nach, sich eine Solaranlage für die Erwärmung Ihres Wassers anzuschaffen. Gerade das Heizen ist für einen Großteil der entstehenden Kosten verantwortlich und lässt sich wunderbar durch diese nachhaltige und geldsparende Variante ersetzen.

Heizkörper

Achten Sie darauf, Ihre Heizung mindestens einmal im Jahr von einer professionellen Anlaufstelle überprüfen zu lassen. Durch die Vermeidung von Defekten, die das System zu unnötigen Höchstleistungen bringen, verringern Sie Ihre Kosten um weitere 5 %. Bei diesen Wartungen sollte auch ein genauer Blick auf die Heizpumpe geworfen werden, denn gerade bei Modellen, die älter als zehn Jahre sind, lassen sich häufig bis zu 130 Euro durch den Ersatz mit einer effektiveren Pumpe einsparen. Sie können sich zusätzlich überlegen, Ihr mechanisches Thermostat durch ein elektronisches zu ersetzen.

So haben Sie es viel leichter, die Regulierung der einzelnen Räume individuell zu bestimmen und können sogar für unterschiedliche Tageszeiten und Wochentage perfekt abgestimmte Heizpläne programmieren, um möglichst effektiv und kostengünstig zu bleiben. Der Einbau dieses Thermostats kürzt die Heizkosten um bis zu 65 Euro.

Wenn Sie in Ihrem Haus Heizkörper platzieren, sollten Sie ein besonderes Augenmerk auf den Standort legen. Er sollte direkt an der Wand platziert sein, um unnötige Wärmebrücken und potentielle Schimmelstellen zu vermeiden und keinesfalls von Möbeln verdeckt sein, um die Wärme optimal abgeben zu können. Sind diese Bedingungen gegeben, ergänzt sich die Ersparnis um weitere 15 %.

Auch das korrekte Entlüften der Heizkörper verringert Ihre Kosten um 35 Euro. Wenn Sie ein Gluckern aus dem Heizkörper hören, ist es wieder soweit: Nehmen Sie sich den speziellen Entlüftungsschlüssel zur Hand und lassen die Luft in wenigen simplen Arbeitsschritten entweichen. Wenn Ihre Heizung nicht gluckert, orientieren Sie sich am besten an einem Mal Entlüften vor jeder Heizperiode.

Effizientes Lüften

Ein perfekt geheiztes Haus geht Hand in Hand mit einem perfekt gelüfteten Haus. Hierbei ist es wichtig, nicht permanent die Fenster auf einer Kippposition zu halten, was Ihnen bis zu 150 Euro an zusätzlichen Heizkosten einbringt, sondern zwischen zwei und viel Mal am Tag für einige Minuten gut durchzulüften. Öffnen Sie hierfür die Fenster komplett und sorgen Sie, sofern es möglich ist, für einen Durchzug, damit sich die Luft im

Zimmer möglichst schnell austauschen kann. In einem Schlafzimmer, in dem sich über Nacht besonders viel Feuchtigkeit sammelt, sollte man immer nach dem Aufstehen lüften, damit sich an den normalerweise recht kühlen Wänden kein Kondenswasser bildet und die Feuchtigkeit gut abziehen kann. Kleiner Tipp: Lassen Sie die Fensterbänke frei, damit das regelmäßige Lüften unaufwendig und einfach vonstattengeht.

Sparbox „Heizen“

Tätigkeit	Einsparungen pro Jahr und Person (kWh, €*, CO_2)		
Raumtemperatur regulieren	936 kWh	75 €	237,86 kg
Heizkörper	1.282 kWh	100 €	316,65 kg
Lüften	1.987 kWh	155 €	490,79 kg
Summe Σ	**4.205 kWh**	**330€**	**1.045,3 kg**

*8,01 Cent pro Kilowattstunde (Gas)

Müll – Hausmüll effizient reduzieren

Müll spielt bei unseren globalen Problemen eine enorm große Rolle. Die Menschen produzieren Unmengen davon und niemand weiß wirklich, wohin damit. Die Zukunftsprognosen sind nicht unbedingt hoffnungsvoll. Die globale Abfallmenge wird bis 2050 um weitere 70 % steigen, was einen Anstieg von derzeitig zwei Milliarden Tonnen pro Jahr auf 3,5 Milliarden Tonnen bedeuten würde. Das Land mit den momentan höchsten Abfallzahlen ist die USA. Sie verbrauchen 624.700 Tonnen an nur einem Tag. Deutschland befindet sich laut Statistik auf Platz fünf mit 127.800 Tonnen pro Tag, was ohne Frage immer noch immens viel ist. Jeder Deutsche produziert somit pro Jahr etwa 455 kg Haushaltsmüll. Und doch haben wir einen erheblichen Vorteil gegenüber den meisten Entwicklungsländern: Bei uns gibt es ein universelles Bewusstsein für die richtige Entsorgung und eine funktionierende Infrastruktur, die sich, ob gut oder schlecht ist eine andere Sache, um unseren Müll kümmert.

In Entwicklungsländern jedoch werden gerade einmal 50 % des produzierten Mülls eingesammelt und weggebracht. Plastik spielt in den globalen Abfallbergen die tragende Rolle, da ungefähr 85 % des gesamten Abfalls aus Kunststoff besteht. Dieses benötigt im Schnitt ungefähr 450 Jahre zur Verrottung, da es biologisch „inert" (stabil und löslich) ist, sodass es sich zwar immer weiter verkleinert und zu Mikroplastik[12] wird, jedoch immer noch sehr lange vorhanden ist. Aktuell gibt es weltweit ungefähr 8,3 Milliarden Tonnen Plastik. Zur besseren Vorstellung: Es würde sich dabei um

---

[12] Als Mikroplastik bezeichnet man kleine Plastikteilchen, die höchstens fünf Millimeter groß sind. Es handelt sich dabei um Abriebe oder Nebenprodukte von Plastik, sowie Zusätze in verschiedenen anderen Handelsgütern. Deutschlands größte Mikroplastikquelle liegt in den Abrieben von Kunststoffreifen auf Asphalt.

einen Berg handeln, der 320.000 Mal so schwer wie der Berliner Fernsehturm oder 55 Millionen Mal so schwer wie ein Jumbo-Jet wäre.[13] Traurigerweise befinden sich 60 % des weltweit existierenden Plastiks entweder auf Mülldeponien oder irgendwo in der Umwelt. Zwar gibt es auch von politischer Seite den Versuch, Verpackungsmaterialien nachhaltiger zu gestalten, so zum Beispiel das Verpackungsgesetz, das im Januar 2019 in der EU verabschiedet wurde, allerdings mangelt es an allen Stellen an einer guten Umsetzung. Auch das hoch gelobte Recycling betrifft nur traurige 26 % des Mülls. Die anderen 74 % werden mit hohen CO_2-Emissionen verbrannt. Viele Hersteller weigern sich, die Recyclingverpackungen in ihre Produktion aufzunehmen, da die Qualität recycelter Produkte laut Herstellerangaben nicht der Qualität unrecycelter entspreche. An dieser Stelle müssten strengere Richtlinien durch die Politik für eine nachhaltigere Umsetzung umweltfreundlicher Konzepte sorgen.

[13] Heinrich Böll Stiftung 2020

Müll in den Ozeanen

Davon, dass viel des globalen Plastikmülls in den Ozeanen dieser Welt landet, haben Sie mit Sicherheit schon gehört, doch wie kommt das eigentlich? Erst einmal zu den Fakten: Laut Berechnungen des WWF landen jährlich zwischen 4,8 und 12,7 Mio. Tonnen Müll im Meer, in dem mittlerweile bereits ungefähr 80 Mio. Tonnen lagern. Bildlich gesprochen: Täglich kippt ein Laster voller Müll seine gesamte Ladung ins Meer.[14] Die Entwicklungsländer dieser Welt sind für ungefähr 80 % davon verantwortlich. Die Gründe dafür sind vielseitig. Sowohl das fehlende Bewusstsein der dortigen Bevölkerung, die achtlos Verpackungen in Flüsse und Meere werfen, als auch die fehlenden oder häufig viel zu nah am Ufer von Gewässern gebauten Müllentsorgungsanlagen können jedoch als Hauptvoraussetzung genannt werden.

Doch auch Gewässer bei Industrieländern leiden unter der Plastikmüllbelastung. So zeigen sich auch auf dem Grund der Nordsee circa elf Kilogramm Müll pro Quadratkilometer, der hierbei jedoch hauptsächlich auf die Schifffahrt und die

---

[14] WWF 2020

Freizeit- und Tourismusaktivitäten zurückzuführen ist. Weltweit spielt auch die Fischerei eine große Rolle in der Vermüllung der Meere. So gehen Schätzungen der EU zufolge ungefähr 20 % der für den Fischfang eingesetzten Geräte verloren. Gerade herrenlose Fischernetze bilden oftmals gefährliche Fallen für die Meeresbewohner, da sie sich auf der Jagd nach dem Plastik, ihrer scheinbaren Beute (Treibende Plastiktüten werden beispielsweise für Quallen gehalten.), in den Maschen des Netzes verfangen, darin verheddern und strangulieren.

Doch Plastik im Meer ist nicht nur für die ansässige Tierwelt schädlich. Natürlich schockieren Studien, die besagen, dass bis 2050 jeder einzelne Seevogel Plastikteile in seinem Magen haben wird, doch viele verstehen die schlimmen Folgen der Ozeanverschmutzung nur, wenn auch die Folgen für die Menschen verdeutlicht werden. Zusätzlich zu den immensen Schäden, die Meerestiere erleiden, wenn sie Plastikteile in sich aufnehmen, essen wir diese Meeresbewohner und tragen selber die Konsequenzen. Auch enthalten viele Kunststoffe giftige Substanzen und Chemikalien, die sich zusätzlich im Wasser auflösen und fortan auch dessen Qualität mindern. Diese schlechte Wasserqualität hat ebenfalls Auswirkungen auf unser Trinkwasser und kann zunehmend schlechter von Filteranlagen verbessert werden.

Bio-Plastik

Die Plastikalternative ist nicht so gut wie ihr Ruf. Hierfür werden meist Mais- und Zuckerrohr verwendet, dessen Anbau immense Flächen benötigt. Somit beanspruchen diese Unternehmen viele Hektar des extra dafür abgeholzten Regenwaldes und zerstören wichtige Lebensräume.

Auch die Entsorgung ist problematisch. Nur ein kleiner Bruchteil dieser Produkte ist tatsächlich vollständig biologisch abbaubar, sodass sie wie alle anderen Verpackungsmaterialien in die gelbe Tonne wandern. Ist schließlich doch einmal ein Produkt mit „vollständig biologisch abbaubar" markiert, werden spezielle Kompostieranlagen mit Temperaturen um die 60°C, sodass auch hier die Entsorgung keineswegs dem eigenen Garten zugutekommt.

Mülltrennung

Der erste und wohl wichtigste Schritt liegt eindeutig in der Mülltrennung. Was 1988 in Deutschland eingeführt wurde, sorgt teilweise immer noch für große Probleme. Zwar gibt es hierbei in vielen Städten und Bundesländern im genauen Umsetzungskonzept kleinere Unterschiede, jedoch bleiben die groben Grundsätze überall gleich. Unten finden Sie eine Liste aus kurzen, aber wichtigen Hinweisen, die leider auch nach 32 Jahren regelmäßig nicht beachtet werden:

- In Tetrapacks mit Milch oder Saft befindet sich Plastik, weswegen sie nicht in den Papiermüll, sondern in den gelben Sack geworfen werden. Wer hier Platz sparen will, sollte die Tüten vorher zusammenfalten.
- Glas wird ohne Deckel weggeworfen und nach normalem Glas und Buntglas sortiert. So ist eine beinahe rückstandslose Wiederverwertung möglich.
- Elektro- und Sperrmüll gehören nicht in den normalen Restabfall. Gerade bei elektronischen Geräten kann hier viel schief gehen (Batterien

können im schlimmsten Fall sogar explodieren.), sodass sie in einen speziellen Elektromüll gehören.

- Die Sperrmülldefinition hat sich in den letzten Jahren geändert: Möbel, Teppiche, Kühlschränke und Reifen darf man nicht mehr einfach auf die Straße stellen. Sie werden gesondert entsorgt.
- Kontoauszüge, Zug- und Bustickets sowie Kassenbons sind oftmals mit Plastik oder Chemikalien versehen, sodass sie eigentlich in den Sondermüll gehören.

Müllvermeidung

Doch wie schaffen wir es, den globalen Müllberg zumindest ein bisschen zu verringern? Eine einfach, aber sehr wirksame Methode ist hierbei die Vermeidung von Einwegprodukten. Nehmen Sie anstelle der Plastikeinkaufstüte einfach einen Beutel von zu Hause mit oder verzichten Sie bei Ware wie Obst oder Gemüse, soweit möglich, gänzlich auf Verpackungen. Vermeiden Sie Einwegtrinkflaschen und kaufen Sie die nachhaltigeren Mehrwegprodukte. Es empfiehlt sich auch, immer eine eigene Trinkflasche dabei zu haben, damit man unterwegs nicht gezwungen ist, unnötiges Geld auszugeben. Auch gibt es für viele

Haushaltsutensilien, beispielsweise Putzmittel, große Nachfüllpacks, die es schaffen, den Verpackungsmüll zu halbieren.

Ein wichtiger Ansatz ist, die eigenen Möglichkeiten zu nutzen. So können Sie beispielsweise in Ihrem Garten oder in kleinerer Form sogar auf Ihrem Balkon einen Komposthaufen anlegen, der nicht nur Ihre Bioabfälle optimal recycelt, sondern Ihnen auch einen universellen und funktionalen Gartendünger beschert. Auch bietet es sich in vielen Regionen an, das hochwertige Wasser aus der Leitung zu trinken, anstatt teures und extra abgepacktes aus dem Supermarkt zu kaufen. Dies ist jedoch nicht überall möglich und Sie sollten sich vorher über die Unbedenklichkeit Ihres regionalen Wassers informieren. Vielleicht schaffen Sie es ja auch, den ein oder anderen Gegenstand, der aus verschiedenen Gründen unbrauchbar geworden ist, wieder zu reparieren, statt ihn einfach wegzuwerfen und zu ersetzen. Nutzen Sie die Nachhaltigkeit als Ausrede, neue Fähigkeiten zu lernen und sammeln Sie Erfahrungen im Nähen, Werkeln und Basteln. Wenn Sie noch einen Schritt weitergehen möchten, so ist vielleicht auch das sogenannte *Upcycling* etwas für Sie. Dieses Konzept verlangt, alte oder kaputte Dinge neu zu interpretieren und zum Beispiel eine alte Baupalette als rustikales Blumenbeet oder Bettgestell umzufunktionieren. Ihrer Kreativität sind keine Grenzen gesetzt. Dasselbe gilt für Ihren Kühlschrank. Probieren Sie neue Rezepte mit den übriggebliebenen Resten aus und machen Sie es sich zur Aufgabe, keine Lebensmittel, die nicht verdorben sind, in den Müll zu werfen. Vielleicht entdecken Sie ja ein neues Lieblingsrezept dabei!

Die Vermeidung von Plastik geht in vielen Bereichen Hand in Hand mit der Müllreduzierung. Versuchen Sie doch einmal, verschiedene Gegenstände aus Holz zu verwenden, anstatt sich immer für die Variante aus Plastik zu entscheiden. Besonders beim Essen, Kochen und Backen bieten sich Kochlöffel, Untersetzer und Schneidbretter sowie Schüsseln und Schalen als optimale Alternative zu herkömmlichen Kunststoffprodukten an, doch auch hier heißt es: Vorsicht bei der Wahl des richtigen Produktes, denn auch Holz ist ein gefährdeter und nur langsam wachsender Rohstoff – wie wir im ersten Kapitel bereits erfahren haben.

Was ebenfalls einen erheblichen Beitrag zu Ihrer persönlichen Müllreduzierung beitragen wird, ist die Digitalisierung. Wer Ausdrucke vermeidet, seine Post per Mail bekommt und einen *„Bitte keine Werbung"* - Sticker an seinem Briefkasten anbringt, kann große Teile der heimischen Papierflut eindämmen und der Umwelt etwas Gutes tun. Auch hier können Sie kreativ werden. Warum nicht einmal an Weihnachten alle Geschenke mit schönen und noch dazu wiederverwendbaren Stoffstücken einwickeln, anstatt jedes Jahr eine Flut an zerknüllten Geschenkpapieren zu produzieren?

Zu guter Letzt wäre es noch wichtig sich vor Augen zu führen, dass man nicht allein auf der Welt ist. Wieso steigen Sie nicht dazu um, Gebrauchtes zu kaufen oder zu verkaufen? Nachbarn, Familie und Freunde lassen sich ebenfalls ohne Probleme in Ihre Müllvermeidung integrieren, indem Sie beispielsweise untereinander Dinge verleihen und tauschen.

Putzmittel selbst herstellen

Laut den gesammelten Daten des Umweltbundesamtes verbrauchen deutsche Privathaushalte pro Jahr 480.000 Tonnen Reinigungs- und Putzmittel im Jahr.[15] Dass eine solche Menge Ihrem Sparschwein nicht gerade gefällt, liegt auf der Hand, doch nicht nur der Geldbeutel leidet unter dieser enormen Menge. Auch die Umwelt und insbesondere die eigene Gesundheit tragen langfristige Schäden durch den hohen Verbrauch von Putzmitteln davon. Woran liegt das?

Ein deutscher Durchschnittshaushalt besitzt

[15] Umweltbundesamt 2015

rund 15 verschiedene Putzmittel. In einer großen Mehrheit dieser befinden sich Stoffe, die nicht oder nicht vollständig biologisch abbaubar sind. Auch werden die Reiniger oftmals nicht fachgerecht entsorgt und landen somit in offenen Gewässern, die durch die sich anreichernden Stoffen große Schäden davontragen, die sowohl die Wasserqualität als auch die dort lebenden Arten enorm bedrohen.

Nicht zuletzt nutzen wir Menschen große Teile der Gewässer zur gefilterten Trinkwasserversorgung und leiden daher fast am meisten an den schädlichen Reinigern. Unsere eigene Gesundheit trägt aber nicht nur durch die Aufnahme im Trinkwasser Schäden davon. Allein der Umgang mit diesen oftmals hochgiftigen Mitteln ist laut einer norwegischen Studie so schädlich wie 20 Zigaretten am Tag.[16] Nicht umsonst strotzen Ihre Flaschen und Verpackungen nur so von Warnhinweisen und Hinweissymbolen. Eine weitere Studie namens *„Respiratory Health Survey"*, die mehr als 6.000 Testpersonen über einen Zeitraum von 20 Jahren im regelmäßigen Umgang mit Putzmitteln testete, fand heraus, dass

---

[16] Svanes, Ø. et al. 2018

sich die Lungenfunktion stark verschlechtert hatte, ganz besonders jedoch bei Personen, die beruflich als Reinigungskräfte arbeiteten. Lungen- und Atemwegsschäden zählen zu den häufigsten Beschwerden, die die alltäglichen Reiniger in ihren Verwendern hervorrufen können.

Vor allem die sprühbaren Vertreter werden automatisch eingeatmet. Eine Folge durch direkten Hautkontakt ist die Beschädigung der auf der Haut befindlichen Fettschicht, die als alltäglicher Schutz vor äußeren Einflüssen dient.[17] Da die herkömmlichen Putzmittel meist entweder extrem sauer oder alkalisch wirken, sollten sie niemals in Kontakt mit dem ungeschützten Körper kommen. Anbei finden Sie eine Liste von Inhaltsstoffen, die gesundheits- und umweltschädlich sind und auf die Sie beim Kauf von Putzmitteln umgehend achten sollten:

- Ammoniak, Soda, Natrium- und Kaliumhydroxid, sogenannte Alkalien
- Biozide
- Bleichmittel
- Duftstoffe

---

[17] Burney et al. 2001

- Korrosionsinhibitoren
- Zeolithe
- Weichmacher
- Phosphate, Phosphonate
- jegliche Art von Säuren, egal ob organisch oder anorganisch
- Natriumcarbonat, -sulfat, -hypochlorit
- Lösemittel

Zunächst sollte klargestellt sein, dass die große Diversität, die in den meisten Putzschränken herrscht und die von der Putzmittelindustrie so hoch gelobt wird, überhaupt nicht notwendig ist. Niemand braucht einen speziellen Porzellanreiniger oder ein besonderes Mittel für Verbranntes am Topfboden, denn die Wirkstoffe sind zu einer hohen Prozentzahl sowieso identisch. Eine Scheuermilch, ein saurer Zitronensäurereiniger und ein Spülmittel reichen oft für die wöchentliche Putzroutine vollkommen aus.

Darüber hinaus gibt es viele Inhaltsstoffe, die keinerlei Nutzen im benutzten Reinigungsprodukt erzielen, so zum Beispiel die besonders beliebten Duftstoffe. Natürlich wollen wir nicht, dass unsere

Wohnung nach dem Putzen wie Pech und Schwefel riecht, doch erstens sollte nach einem herkömmlichen Reinigungsgang sowieso gut durchgelüftet werden und zweitens gibt es ein einfaches Rezept, wie man auf die stinkenden und überhaupt nicht nachhaltigen Reiniger verzichten kann: Man macht sie einfach selbst. Diese Option ist nicht nur nachhaltiger und gesünder, sondern auch weitaus günstiger, denn oft genügen die klassischsten Hausmittel, um ein funktionales Reinigungsmittel entstehen zu lassen. Im Folgenden finden Sie einfache Rezepte, die sich schnell aus absoluten Vorratsschrankklassikern zaubern lassen und darüber hinaus auch noch absolut effektiv und nachhaltig wirken.

- **Entkalkung:** Vermischen Sie Wasser mit Essig, um so eine effektive Reinigung von verkalkten Wasserkochern oder Badarmaturen zu erzielen. Auch Zitronensäure weist diese Wirkung auf. Hiermit lassen sich übrigens auch Fliesen und Fliesenfugen optimal reinigen.

- **Oberflächen und Armaturen:** Vermischen Sie etwas Natron mit Wasser zu einer Paste, um Küche und Badezimmer sauber zu halten.

• **Silber:** Auch zum Polieren von Silber eignet sich diese Methode.

• **Abflüsse sauber halten:** Hier kommt ebenfalls das Wundermittel Natron zum Einsatz. Geben Sie etwas davon in den Abfluss und spülen Sie anschließend mit etwas Wasser hinterher.

• **Holzpolitur:** Anstelle der häufig sehr teuren Holzbehandler tut es auch einfach etwas Olivenöl auf der Echtholzfläche.

• **Backofenspray:**

- 1 EL Kochsalz
- 2 EL Natron-Pulver
- 1 - 2 EL Mineralwasser
- Schwamm, Lappen oder Mikrofasertuch
- Zeitaufwand: 10 min. + 20 min. Einwirkzeit

Achtung: Der Backofen muss während des Einwirkens geschlossen sein! Anschließend sollte er feucht abgewischt werden! Die Heizstäbe auf keinen Fall mit der Paste einreiben

• **Raumspray:**

- 300 Milliliter Wasser (bevorzugt abgekocht oder destilliert)

- 100 Milliliter Alkohol (Alkoholgehalt nicht unter 40 Prozent Vol.) oder destilliertes Wasser (Haltbarkeit allerdings dann nur wenige Wochen)
- 20 Gramm Natron
- fünf bis zehn Tropfen ätherisches Öl nach Wahl

Nun wird das Natronpulver im Wasser aufgelöst und schließlich mit dem Alkohol/destillierten Wasser gemischt. Geben Sie jetzt das ätherische Öl in einen Zerstäuber und vermengen es mit der Flüssigkeit. Nun wird nur noch kräftig geschüttelt und das eigene Raumspray ist schon fertig.

Teil B - Unterwegs

Ernährung – Gesünder und umweltbewusster Leben

Der Vegetarier mit dem erhobenen Zeigefinger und der Veganer, den man lieber nicht zum Essen einlädt... Wir alle kennen die weltweiten Klischees, die über die unterschiedlichen Ernährungsformen existieren. Doch was ist eigentlich dran an den ethischen und gesundheitlichen Motiven der Andersdenker? Sind Vegetarier und Veganer wirklich die nachhaltigeren Menschen und tut man durch Fleischkonsum weder sich selbst noch der Umwelt etwas Gutes?

Aktuell leben in Deutschland 6,5 Millionen

Menschen vegetarisch und 1,13 Millionen Menschen vegan.[18] Natürlich sind derartig hohe Zahl auch einem gewissen Trend zu verdanken, der sich in den letzten Jahren in unserer Gesellschaft verbreitet hat, doch handelt es sich bei diesen Ernährungskonzepten keineswegs um inhaltslose Modeerscheinungen, denn sowohl der Planet als auch die eigene Gesundheit profitieren immens von bewusst getroffenen Ernährungsentscheidungen.

Einer Studie der University of Oxford zufolge würde die weltweite Sterblichkeitsrate bei einer komplett vegetarischen Ernährung der gesamten Bevölkerung bis 2050 um bis zu 10 % sinken. Auch gäbe es über 70 % weniger schädliche Treibhausgase, die den Klimawandel weiter vorantreiben. Weitere Untersuchungen stützen diese Ergebnisse. So verantwortet jeder „Allesfresser" in unserer Gesellschaft 1.730 kg CO_2-Emissionen, jeder Vegetarier 1.280 kg und jeder Veganer nur 1.040 kg pro Jahr durch seine Ernährung.[19]

Zum generell schlechten klimatischen Abschneiden von Fleisch kommen Dinge wie ein

---

[18] IfD Allensbach 2020, S.81
[19] Umweltbundesamt 2020f

sehr hoher Wasserverbrauch; ein Kilogramm Rindfleisch beansprucht in seiner gesamten Produktion beispielsweise 5.500 Liter Trinkwasser, große Flächeneinbußen und Waldrodungen für eine häufig mit Pestiziden und Gentechnik durchgeführte Futterproduktion und eine oft sehr bedenkliche Haltung der Tiere. Wer sich vegetarisch ernährt, hat keine weiteren Nachteile als den Verlust des besonderen Geschmacks von Fleisch und die kleineren Komplikationen bei Einladungen und Familienfesten.

Auch Kinder kann man ohne Probleme fleischlos ernähren, denn es ist wissenschaftlich erwiesen, dass dem Körper bei einer ausgewogenen Ernährung, in der lediglich Fleischprodukte fehlen, nichts fehlt. Nur die eine komplett vegane Kost ist nicht unbedingt zu empfehlen, da Milch, Eier und Käse einen wichtigen Beitrag zur körperlichen Entwicklung des Knochenbaus und der Muskeln beitragen. Wer den Fleisch- und vielleicht auch Milchproduktverzicht für sich versuchen möchte, muss aber nicht gleich Nägel mit Köpfen machen.

Gewöhnen Sie sich langsam an die Ernährungsumstellung und beginnen sie zunächst als Flexitarier, der, wie der Name schon sagt, nur zeitweise auf Fleisch verzichtet. Bereits bei diesem Schritt der Reduktion tun Sie der Umwelt und sich selbst etwas Gutes und spüren die positiven finanziellen Auswirkungen, da tierische Produkte zu den teuersten Nahrungsmitteln gehören. Wenn Sie Genaueres über die CO_2-Ersparnis Ihrer Umstellung wissen möchten, haben Sie auf der Seite *www.klimatarier.de/CO2-Rechner* die Möglichkeit, verschiedene Nahrungsmittel auf ihre Emissionen zu untersuchen und Ihr individuelles Essen einem Klimafreundlichkeits-Test zu unterziehen.

Fleisch ist ein bipolares Produkt. So hat es sowohl viele Vor- als auch Nachteile. Betrachten wir die positiven Seiten, so sollten wir zunächst die hohe Nährstoffdichte dieses Produkts verdeutlichen. Es ist ein effektives Nahrungsmittel, um mit wenig Menge eine große Anzahl von lebenswichtigen Nährstoffen und Mikronährstoffen zu sich zu nehmen.

Ohne Frage beinhaltet Fleisch auch weitere entscheidende Bestandteile wie Eisen oder Vitamin

B12, das nur sehr schwer aus pflanzlichen Bestandteilen gewonnen werden kann. Auch die optimale Proteinhaltigkeit darf nicht außer Acht gelassen werden. Darüber hinaus gehört Fleisch schon seit Urzeiten zu einer der wichtigsten Nahrungsquellen der Menschen, sodass Ihr Organismus sehr gut auf die Aufnahme von diesem tierischen Produkt eingestellt ist. Zu den negativen Seiten dieses Nahrungsmittels zählt auf jeden Fall die große Überdimensionierung, mit der die Gesellschaft es in nahezu jede ihrer Mahlzeiten integriert.

Ein gesunder Fleischkonsum besteht aus höchstens einem Stück alle zwei Tage, wobei man diese Periode eher erweitern sollte. Isst man es allerdings zu häufig, kann es zu einem sehr hohen Cholesterinspiegel kommen, was Bluthochdruck und Herz-Kreislauf-Erkrankungen fördert. Ebenfalls schädlich kann ein großer Verzehr von Schweinefleisch sein. Da es sich bei dieser Sorte um ein besonders säurehaltiges Produkt handelt, kann dies Krankheiten wie Rheuma und Gicht begünstigen und neutralisiert für den Körper wichtige Mineralien. Darüber hinaus wird Fleisch häufig in Kombination mit kohlenhydratreichen

Beilagen wie Nudeln oder ähnlichen Dingen serviert. Das führt zu einer erschwerten Verdaulichkeit und kann einem nicht ganz gesunden Magen-Darm-Trakt weiteren Schaden zufügen.

Einer der wichtigsten Punkte ist die Fleischherkunft. Findet die Produktion in einem konventionellen oder sogar massentierhaltenden Betrieb statt, ist es möglich, dass schädliche Medikamente oder Pestizide aus behandeltem Futter mit dem Essen aufgenommen werden, die dem Körper über eine längere Zeit hinweg immensen Schaden zufügen. Es empfiehlt sich hier, beim Kauf auf zertifizierte Siegel zu achten. Generell sollten die Produkte der Wahl niemals einen intransparenten und damit unseriösen Eindruck machen.

Versuchen Sie, den Weg Ihres Schnitzels nachzuvollziehen, um bewerten zu können, unter welchen Bedingungen das Tier gelebt hat und geschlachtet wurde. Eine etwas teurere, aber durchaus nachhaltige Variante stellen Bio-Lebensmittel dar. Meist beinhaltet der Kauf dieser Ware die Garantie für eine regionale und auf das Tierwohl ausgerichtete Herkunft. So bestimmen die

Bio-Richtlinien einen zumindest saisonalen Freigang für die Tiere, ein häufig selbsterzeugtes und unbehandeltes Futter sowie eine Mast der männlichen Tiere und deutlich mehr Platz. Ebenfalls ist es Vorschrift, die Jungtiere bis zu einem Alter von drei Monaten bei ihrer Mutter zu lassen und somit für eine natürliche Aufzucht der Tiere zu sorgen. Die konventionelle Tierhaltung bietet zwar deutlich billigere Produkte, hat aber viel niedrigere Standards. So liegen die Mindestplatzanforderungen für ein 100 kg-Schwein hier bei gerade mal 0,75 m^2 und 1 m^2 für sage und schreibe 26 Hühner.

Meist wird das Fleisch in Massenbetrieben produziert, in denen das Tier seinen Status als Individuum völlig verliert und teilweise krank und verwahrlost zwischen hunderten seiner Artgenossen in den eigenen Fäkalien haust. Wie Sie feststellen werden, hat Fleisch aus guter Herkunft seinen Preis, doch ist die Qualität meist enorm hoch und Ihre Entscheidung für Tierwohl und Gesundheit ist mehr als nachhaltig.

Einkaufen – Geld sparen im Supermarkt

Wenn es um das Thema Lebensmittelkauf geht, gibt es seit den letzten Jahren immer verbreiteter die Möglichkeit, auch online und per Lieferservice an alles Notwendige zu kommen. Doch ist das nachhaltig? Stützt eine Lebensweise, in der man das Haus nicht mehr verlässt, die Umwelt? Pauschal kann man diese Frage nicht beantworten, da die Umstände der Einkaufssituation zu unterschiedlich sein können. Möglich ist aber, Ihnen einen kurzen Überblick über die Vor- und Nachteile der beiden Optionen zu geben.

Online: Bei dieser Einkaufsvariante ist es besonders wichtig, den Abstand zum Händler mit einzubeziehen. Handelt es sich um einen relativ nahegelegenen Supermarkt, bei dem zusätzlich viele Menschen bestellen, errechnet sich schnell eine viel bessere CO_2-Bilanz, als wenn jeder Kunde einzeln und sogar vielleicht noch mit dem Auto das Geschäft aufsucht. Beim Versand versuchen die Vertreiber zusätzlich auch zu eigenen finanziellen Vorteilen die Spritkosten und die Fahrstrecken möglichst effizient zu halten, was ebenfalls zu einer Einsparung von CO_2 führt. Jedoch sollten Sie genau darauf achten, bei wem Sie bestellen.

Handelt es sich bei dem ausgesuchten Händler um einen, der in 500 km Entfernung sitzt, rechnen sich die Transportkosten nicht und sorgen für eine teurere, umweltbelastende Beschaffung. Ein Vorteil des Onlinehandels ist wiederum die bessere Spezifizierung der Auswahl. Bestelle ich ein Produkt vor, kann ich mir vorher in Ruhe über alle wichtige Kaufkriterien klar werden und schließlich meinen Kaufwunsch auch Tage vorher an den Händler weitergeben, sodass das erwählte Nahrungsmittel garantiert bei mir zu Hause landet. Stehe ich jedoch im Laden, ist das gewünschte

Produkt möglicherweise ausverkauft und ich habe keine andere Wahl, als mit den nicht ganz so optimalen Alternativen Vorlieb zu nehmen.

Im Laden: Der größte Nachteil eines Einkaufs im Laden ist, wie bereits genannt, die Hinfahrt mit dem Auto, die so gut wie jeder Kunde einzeln erledigt. Dieser Prozess verbraucht große Mengen an CO_2 und sollte, wenn möglich, mit öffentlichen Verkehrsmitteln, per Fahrrad oder zu Fuß angetreten werden. Sobald das allerdings der Fall ist, erwarten den Kunden sehr viele Vorteile. Der persönliche Kontakt mit den Mitarbeitern verbessert die eigene Sozialkompetenz und führt zusätzlich zu einer Identifikation mit den gekauften Produkten. Man unterstützt bewusst die lokale Lebensmittelbranche und fördert die Wirtschaft der eigenen Region. Zusätzlich hat man die Möglichkeit, die Produkte im Laden direkt wahrzunehmen, zu prüfen und miteinander zu vergleichen, um sich schließlich für das Beste zu entscheiden. Auch sollte man nicht vergessen, dass gerade für ältere Menschen der tägliche Besuch im Supermarkt für regelmäßige Bewegung sorgt und für viele Menschen auch ein Anker in einem sehr einsamen Leben darstellt.

Saisonal und Regional

Man hört es immer wieder: *„Willst du nachhaltig sein, kaufe saisonal und regional!“* Doch was genau bedeutet das eigentlich?

Regional bedeutet, dass Obst oder Gemüse in Ihrem mehr oder weniger unmittelbaren Umfeld wachsen. Genau definiert ist dieser Begriff allerdings nicht, sodass auch hier eine gewisse Wachsamkeit beim Kauf erforderlich ist. Regionale Ware ist oftmals günstiger als Importware, da der Preis den langen Transportweg der Produkte nicht decken muss. Auch stärken Sie durch diesen Kauf die regionale Landwirtschaft, die wiederum die gesamte Wirtschaft Ihrer Umgebung unterstützt. Sie haben außerdem die Möglichkeit, durch den direkten Kontakt mit den Erzeugern direkt für Qualität und Kontrolle der Produkte zu sorgen. Ihr Feedback kann auf Wochenmärkten, in Hof- und Bauernläden und im kleinen Supermarkt in Ihrem Dorf direkt an die Produzenten weitergegeben werden. Die Transparenz ist meist bei regionalen Produkten deutlich höher. Unter Umständen dürfen Sie einmal einen Blick in die Stallungen des nahegelegenen Milchviehbetriebs werfen oder Sie kennen Helfer von der Apfelernte auf dem benachbarten Feld.

Unter „saisonal" versteht man Nahrungsmittel, deren Erntezeit in der momentanen Saison liegt. Sie werden meistens nicht lange gelagert und befinden sich im perfekten Reifegrad, wodurch die Frucht eine hohe Nährstoffdichte aufweist. Im Umkehrschluss heißt das: geringere CO_2-Emissionen aufgrund verkürzter Lager- und Kühlzeiten, weniger Verpackungen und ein besserer Geschmack. Dies spiegelt sich auch in einem günstigeren Preis wider.

Darüber hinaus hat sich unser Körper im Laufe der Evolution an die Jahreszeiten und abwechselnden Wachstumsphasen der einzelnen Lebensmittel gewöhnt. So versorgen uns reife Äpfel mit Vitaminen und zuckerreiche Trauben sowie fettige Nüsse helfen uns, ein Fettpolster für den Winter anzulegen, während Blattsalat und Spinat uns bei der Entgiftung und beim Abnehmen im Frühjahr unterstützen. Anschließend versorgen uns Beeren, Gurken und Melonen in den Sommermonaten mit ausreichend Flüssigkeit.

Wer nicht vertraut mit der Erntezeit der einzelnen Produkte ist, kann hier auf einen sogenannten Saisonkalender zurückgreifen. In der Küche oder im Flur aufgehängt, zeigt er die monatlichen Obst- oder Gemüsesorten an, die nun am besten auf den

Tisch kommen sollten.

Total im Trend liegen auch die sogenannten *Superfoods.* Meist assoziieren wir damit exotische Lebensmittel, die besonders viele Nährstoffe enthalten und gesundheitsfördernd sind.

Da wundert es doch, wie die Menschheit bis heute auch ohne exotische Superfoods, von den meisten wir nicht mal den Namen aussprechen können, überleben konnte? Dass es sich nämlich hierbei nur um einen Trick der Lebensmittelindustrie handelt, wissen die Wenigsten. Diese erhofft sich neue Märkte für noch unbekannte Obst- und Gemüsesorten zu etablieren und ist dabei auch noch sehr erfolgreich – Deutschland ist weltweit der drittgrößte Markt für exotische *Superfoods*. Dabei gibt es zahlreiche Alternativen direkt vor unserer Haustüre.

Denn auch ein Apfel ist in jeder Hinsicht „super"-gesund und braucht sich vor seinen exotischen Konkurrenten absolut nicht zu verstecken. So wachsen zahlreiche Superfoods in unserem eigenen Garten. Hier sind nur einige der regionalen Alternativen, die mit ihren exotischen Vertretern locker mithalten können:

- Schwarze Johannisbeeren statt Gojibeeren
- Rapsöl statt Kokosöl

- Grünkohl statt Granatapfel
- Paprika statt Baobab
- Hirse statt Quinoa
- Leinsamen statt Chiasamen
- Heidelbeeren statt Açaí-Beeren
- Karotten statt Papaya
- Walnüsse statt Avocado

Wenn Ihr Fokus auf der Qualität Ihrer Nahrungsmittel liegt, lohnt es sich, auch selbst Gemüse und Obst anzubauen. Vielleicht möchten Sie auch ausprobieren, ein paar Hühner zu halten, um jeden Morgen frische Eier essen zu können. Egal, wie weit Sie sich dem Selbstversorgertum annähern möchten, werden Sie feststellen, wie besonders ein so direkter Kontakt zu Ihren Lebensmitteln ist.

Nicht nur, dass Sie völlig selbstbestimmt entscheiden können, welchen Dünger Sie auf Ihre Pflanzen geben oder eben auch nicht geben, Sie werden auch niemals den Moment vergessen, wenn Sie das erste Mal in ein selbst angebautes Stück Gemüse beißen. Selbstgemacht schmeckt eben immer noch am besten!

Äpfel aus Neuseeland

Einen Denkfehler, den Viele immer wieder begehen, ist das unumstößlich kategorische Vorziehen regionaler Produkte vor Importware. Natürlich hat regionale Ware viele Vorteile, doch unter gewissen Umständen ist sie kein bisschen besser als das ausländische Produkt. Es kommt keinesfalls nur auf die Länge des Transportweges an, denn auch Lagerung und Produktion spielen eine wichtige Rolle. Anhand eines Apfels aus Neuseeland lässt sich erklären: So werden dort in den großen Apfelplantagen 90 Tonnen Äpfel geerntet, anstatt der hier in Deutschland durchschnittlichen 40 Tonnen. Sie sind also deutlich ergiebiger, was Kosten und CO2-Emissionen spart.

Auch verbraucht natürlich die Lagerung der Früchte viel Energie und Geld. Ein Apfel aus Deutschland, der im Juni verspeist wird, hat durch seine Lagerung eine schlechtere CO2-Bilanz wie sein neuseeländischer Kollege auf dem Weg nach Deutschland verursacht hat. Halten wir fest: „Regional UND Saisonal ist am besten".

Im Supermarkt

Der Einkauf im Supermarkt birgt viele gute Möglichkeiten, sich nachhaltig zu verhalten. Bringen Sie zum Beispiel immer eigene Transportmöglichkeiten mit, anstatt sich immer wieder an der Kasse eine Plastiktüte geben zu lassen. Dasselbe gilt auch für Obst und Gemüse. Greifen Sie auf die ausliegenden und wiederverwendbaren Netze zurück. Doch nicht nur bei Ihrem gesamten Einkauf gilt es, die Verpackungen zu sparen oder zumindest zu optimieren. Besorgen Sie hauptsächlich Produkte, die in Papier- oder Glasbehälter verpackt sind und achten Sie darauf, eher größere Packungen zu nehmen.

Diese verringern durch weniger Verpackungsmaterialien auch den produzierten Müll. Wurst, Fleisch und Käse sollten in jedem Fall an der Frischetheke mitgenommen werden, was nicht nur wieder eine Müllreduzierungsmöglichkeit darstellt, sondern sogar in manchen Supermärkten gänzlich mit selbst mitgebrachter Tupperware zu bestreiten ist. Ebenfalls lohnt sich die Anschaffung eines Wassersprudlers, um die häufig in Einwegflaschen verpackte Flüssigkeit zu sparen. Diesen Schritt werden Ihnen auch Ihre Schultern danken, die die schweren Behälter nicht jedes Mal die Treppen zu Ihrer Wohnung nach oben schleppen müssen. Die Onlineplattform *Weltsparen* hat berechnet, dass jeder Deutsche im Jahr Wasserflaschen im Wert von 437 Euro einkauft. Dabei kostet die gleiche Menge Leitungswasser gerade einmal 1,50 Euro.

Ganz generell lässt sich noch einmal betonen, dass Sie insbesondere Einwegflaschen dringlichst vermeiden sollten. In Deutschland werden jede Stunde 1,9 Millionen Einwegplastikflaschen verwendet. Jährlich macht das eine erschreckende Summe von 16,4 Milliarden. Mit dem für die Produktion verwendeten Rohöl, jährlich 480.000 Tonnen, könnte man 400.000 Einfamilienhäuser ein Jahr lang beheizen. Coca-Cola allein produziert in 365 Tagen 88 Millionen Flaschen, die aneinandergereiht 31 Mal zum Mond und wieder zurück reichen würden. Doch das ist nicht genug. Nur ein Viertel der verwendeten PET- Flaschen wird zu neuen Flaschen recycelt. Der Rest verbrennt.

Ein offenes Auge sollten Sie immer für die Herkunft der Produkte haben. Insbesondere bei Fisch kann der falsche Ursprung schnell schädlich werden, da nicht nur die Zuchtbedingungen und Medikamentenzugaben in einigen Betrieben katastrophal sind, sondern auch heute noch in radioaktiv kontaminierten Gewässern gefischt wird. Achten Sie daher auf spezielle Label, um die unbedenkliche Herkunft der Ware zu garantieren.

Falls all diese Nachhaltigkeitstipps Ihnen noch immer nicht genug sind, empfehlen sich sogenannte Unverpacktläden. Die dort erhältliche Ware kommt, wie der Name bereits sagt, ohne jegliche Verpackung aus und kann meist vor Ort in selbst mitgebrachte Behälter gefüllt werden. Auch die Herkunft und die Produktion der angebotenen Ware ist meist einwandfrei oder sogar Bio und rechtfertigt den meist etwas höheren Preis.

Lebensmittelverschwendung reduzieren

Dieses Thema ist global gesehen mit eines der wichtigsten in diesem Bereich, denn allein in Deutschland werden jedes Jahr durchschnittlich 12 Millionen Tonnen an Nahrungsmitteln weggeworfen. Allein in den Privathaushalten sind es 200 g Lebensmittel pro Tag und Person, die weggeworfen werden.[20] Hochgerechnet auf ein Jahr, entspricht dies einem Wert von 244 Euro pro Person.[21]

Doch was können Sie tun, damit sich diese Zustände auf lange Sicht ändern? Beginnen wir bei Ihrem Einkauf. An dieser Stelle empfiehlt es sich, genau zu planen, was man in den nächsten Tagen essen möchte und dementsprechend den Einkaufswagen zu füllen. Dosieren Sie Mengen und Art der Lebensmittel nach Ihren Bedürfnissen. Auch empfiehlt es sich, nicht hungrig aus dem Haus zu gehen, da Ihr Magen Sie sonst versuchen wird, zu appetitlichen Leckerbissen zu verführen, die allerdings keinen Platz in Ihrem Haushalt verdient haben und traurig und kaum angerührt in einer Ecke landen.

Bei der Auswahl von beispielsweise Obst und Gemüse gilt es zu lernen, dass hässlich nicht gleich schlecht bedeutet. Was spricht dagegen, eine etwas verformte Gurke oder Karotte, wenn beide ihren makellosen Schwestern und Brüdern geschmacklich in nichts nachstehen? Lernen Sie zu

---

[20] Bundesministerium für Ernährung und Landwirtschaft (BMEL) 2019

[21] Verbraucherzentrale 2020

unterscheiden, was wirklich den Geschmack beeinträchtigt und denken Sie daran, dass die meisten Menschen sich nicht für die hässlicheren Exemplare entscheiden würden, diese später also achtlos im Müll landen würden.

Sind Sie schließlich zu Hause angekommen, sollten Sie die gekauften Nahrungsmittel optimal lagern, damit jedes einzelne seine Haltbarkeit voll ausnutzen kann. Mehr dazu im vorherigen Kapitel über Strom. Auch Reste, die bei einem vorherigen Essen entstehen, müssen nicht in die Abfalltonne wandern. Lagern Sie stattdessen auch diese optimal und schlagen Sie statt der herkömmlichen Alufolie, die nachweislich umweltschädigend und potentiell krebserregend ist, ein Wachstuch darum, das langanhaltende Frische garantiert. Dasselbe gilt für Reste bei einem Essen im Restaurant. Noch viel rabiater als bei Ihnen zu Hause wird in der Gastronomie weggeworfen. Nehmen Sie mit, was übrigbleibt und genießen Sie auch am nächsten Tag noch den Nachgeschmack eines professionell gekochten Essens.

Falls es doch einmal zu viele Reste werden, ist dies immer noch kein Grund, die Mülltonne zu verwenden. Frieren Sie deshalb Übriggebliebenes ein und freuen Sie sich in einer zukünftigen Stresssituation auf ein schnell zubereitetes Mahl.

Wovon sich viele Verbraucher dringend verabschieden müssen, ist die Fehlinterpretation des Mindesthaltbarkeitsdatums. Es heißt lediglich: *„Ab jetzt können wir keine Garantie mehr auf die hundertprozentige Frische des Produkts geben."* und nicht *„Sofort tödlich ab diesem Zeitpunkt!"* Verlassen Sie sich auf Ihre Sinne und prüfen Sie, ob der Joghurt oder die Milch noch genießbar sind. Riechen, schmecken, sehen und fühlen Sie das Produkt intensiv, anstatt es einfach ungeprüft und womöglich sogar ungeöffnet fortzuschmeißen.

Apps

Die Verwendung gewisser Apps kann Ihnen die Auswahl und den Besuch im Supermarkt erleichtern. Von Barcodescannern, die Expertenmeinungen und bedenkliche Inhaltsstoffe in Produkten offenlegen (z. B. Codecheck oder Barcoo) über Apps, die die Markenzugehörigkeit mancher Unterlabels offenlegen (z. B. MarkenDetektive) bis hin zu Apps wie *„Sirplus"*, die gegen die Lebensmittelverschwendung ankämpfen, gibt es hier vieles zu entdecken. Gerade *„Sirplus"* resultiert aus einem Experiment eines

Mitgründers, der eine ganze Weile lang ohne Geld gelebt hat und sich jetzt für einen Lebensmitteloutlet-Laden in Berlin stark macht, in dem aussortierte Lebensmittel bis zu 70 % günstiger angeboten werden, sollte auf jeden Fall im Auge behalten werden.

Körperpflege - Dem Körper und der Umwelt Gutes tun

Die Körperpflege ist zwar grundsätzlich eine Notwendigkeit, ist aber bei vielen längst zu einem hoch-zelebrierten Ritual im Alltag geworden. Sicher genießen auch Sie es, sich in der stressigen Routine zwischen Arbeit und Haushalt für ein paar Minuten nur mit sich selbst zu beschäftigen.

Auch in diesem Bereich gibt es viele Tipps und Trick, wie Sie nachhaltiger und vor allem sparsamer agieren können und dieselben Ergebnisse mit erhöhtem Umwelt- und Geldbeutelschutzfaktor erzielen. Nichts leichter als das, denn insbesondere auf diesem Gebiet steht Selbermachen hoch im Kurs. So lohnt es sich zum Beispiel, mit wenigen Handgriffen aus einer einfachen Handseife ein wohlriechendes Shampoo zu zaubern. Ganz generell empfiehlt es sich, nur noch feste Seife zu verwenden, da sie zum einen deutlich länger hält und zum anderen je nach Hersteller so gut wie kein Mikroplastik enthält und damit besser für den Körper ist. Auch Schweiß lässt sich nachhaltig bekämpfen.

Vermeiden Sie hierbei vor allem die unter Druck stehenden Sprühflaschen, die durch verbreitete Gase den Treibhauseffekt enorm unterstützen und zum anderen oftmals schädliche Aluminiumpartikel enthalten, die weder gut für die Haut noch für den Planeten sind und die Produkte unnötig teuer machen. Wer das Allerbeste tun möchte, kann auch hierbei selber das Steuer in die Hand nehmen und sich sein individuelles Deo selbst kreieren. Genauso wie für Babyfeuchttücher und Kosmetikpads finden sich im Internet zahlreiche Anleitungen.

Einen weiteren großen Ansatzpunkt bieten herkömmliche Kosmetikartikel. Oftmals beinhalten Produkte fragwürdige Bestandteile, die entweder ungesund sind oder durch Tierversuche getestet wurden. Auch in diesem Bereich spielt Plastik eine große Rolle. Während eines einzigen Duschvorgangs gelangen bis zu 100.000 Mikroplastikteile in den Abfluss. Nun gelangen sie in die Gewässer dieser Erde, denn kaum ein Filter hat die Präzision, sie aus dem Wasser zu entfernen, was mit großen Plastikteilen wenigstens halbwegs gelingt, bevor die Wellen und das UV-Licht sie nach vielen Jahren in Mikroplastikteilchen zersetzt hat. Diese schädlichen Stoffe schaden allen Meeresbewohnern immens und tragen die Schuld am Sterben unzähliger Tiere und Meerespflanzen. Doch wozu benötigen die Hersteller die Mikropartikel in ihren Produkten? Da Plastik ein sehr günstiger und damit für die Hersteller sehr rentabler Stoff ist, übernimmt er unterschiedliche Funktionen in den Körperpflegeartikeln. In einem Peeling zum Beispiel ersetzt er den teureren Sand als Schleifmittel, in Shampoo verhindert Polyquaternium-7 durch eine Art Plastikfilm auf den Haaren das Ziepen und in Cremes sorgt Acrylates Crosspolymer für ein geschmeidiges Hautgefühl. Die folgende Liste hilft Ihnen, die schädlichen Kunststoffe zu erkennen:

- Acrylate Crosspolymer (ACS)
- Dimethiconol
- Methicone
- Polyamide (PA, Nylon)
- Polyacrylate (PA)
- Polymethylmetacrylate (PMMA)
- Polyquaternium (PQ)
- Polyethylene (PE)
- Polyethyleneglycol (PEG)
- Polyethyleneterephtalate (PET)
- Polypropylene (PP)
- Polypropyleneglycol (PPG)
- Polystyrene (PS)
- Polyurethane (PUR)
- Siloxane

Zwar gibt es in den Ländern Großbritannien und Kanada bereits ein Verbot für die schädlichen Plastikpartikel und auch einige deutsche Firmen haben versprochen, nicht mehr auf Mikroplastik zurückzugreifen, jedoch mangelt es eindeutig an einer konsequenten Umsetzung. Es ist wichtig, dass das gesellschaftliche Bewusstsein dieses Manko verstehen lernt und somit eine größere Nachfrage für nachhaltige Produkte entsteht.

Gehen wir etwas weiter. Sie steigen aus der Dusche in ein kuscheliges Handtuch gehüllt und greifen zu Ihrer Zahnbürste. Auch hier lösen sich bei herkömmlichen Produkten aus Plastik oftmals kleinere und größere Plastikteilchen, die weder besonders gesund noch besonders umweltfreundlich sind. Hinzu kommt, wenn man auf Empfehlung der Zahnärzte alle drei Monate die Bürste wechselt, dass es wieder zu einer großen Anhäufung an Plastikmüll kommt, der sich bekanntlich sehr unökologisch verhält und so gut wie gar nicht biologisch abzubauen ist.

Eine gute Alternative stellen hier die immer populärer werdenden Bambuszahnbürsten dar. Da es sich bei Bambus um einen enorm schnell nachwachsenden - je nach Sorte einen Meter in 24 Stunden - Rohstoff handelt, der zudem noch äußerst schnell verrottet, sehen viele in ihm einen der Rohstoffe der Zukunft. Die noch nicht besonders industrialisierte Branche des Bambusabbaus befindet sich zu einem Großteil in den Händen mittelständischer chinesischer Unternehmen, die meist eine jahrelange Expertise auf diesem Gebiet vorweisen können.

Die Zahnbürsten werden dort hergestellt und in Großpackungen nach Europa verschickt, was somit die langen Transportwege wenigstens etwas umweltfreundlicher macht. Müssten die langen Bambusstangen in Europa bearbeitet werden, würden sich sowohl die Transportkosten als auch die CO_2-Emissionen deutlich erhöhen. Probieren Sie doch einmal aus, ob es sich bei diesem Produkt mit großem Potential auch um eine Alternative für Sie handeln könnte. Auch Zahnpasta lässt sich gut selber machen. Ebenfalls können Sie eine Menge Verpackungsmaterial sparen, indem Sie auf Zahnputzpulver oder -tabletten zum Zerkauen zurückgreifen.

Ein weiteres Thema, das im Bereich Körperpflege auf jeden Fall zur Sprache kommen muss, ist die Monatshygiene. Kaum jemandem ist wirklich bewusst, wie viel Geld wir durch Menstruationsartikel überhaupt ausgeben. Kauft man eine Packung mit 48 Tampons, zahlt man dafür je nach Hersteller zwischen sechs und acht Euro. Eine Packung mit 18 Binden kostet im Supermarkt zwischen drei und vier Euro. Damit kommen manche Frauen, je nach Stärke der Blutung, kaum über eine einzige Periode. Was das für eine enorme

Belastung für die Umwelt ist, liegt nun eindeutig auf der Hand. Gehen wir von fünf Tampons oder Binden pro Tag aus, sieben Tage lang, zwölf Mal im Jahr, bei einer Frau, die ihre Periode von ihrem 13. bis zu ihrem 53. Lebensjahr bekommt. Laut dieser Rechnung wären das 40 Jahre lang 420 Hygieneartikel, also 16.800 Stück.

Das würde bei 3,69 Milliarden Frauen auf diesem Planeten eine Menge von 61.992 Milliarden Hygieneprodukten bedeuten! Die meist nicht einmal aus Baumwolle, sondern aus Plastik und synthetischen Superabsorbern bestehenden Produkte sind zudem nicht nur nicht-abbaubar, sondern können außerdem noch schädlich für den Intimbereich sein. Häufig enthalten sie giftige Duftstoffe und können zum Austrocknen der Schleimhäute führen. Außerdem kann ein zu langes Tragen von Tampons zu TTS führen, einer Krankheit, die höchst gefährlich werden kann und in Extremfällen sogar den Verlust von Gliedmaßen herbeiführt. Doch was sind die Alternativen?

Neben waschbaren oder sogar selbst gemachten Stoffbinden ist bequeme Menstruationsunterwäsche eine sparsame und nachhaltige Lösung. Mittlerweile führen verschiedene Anbieter die unterschiedlichsten Produkte in allen erdenklichen Farben, Formen und Texturen, die sich teils optisch kaum von normaler Unterwäsche unterscheidet. Diese kann über mehrere Jahre halten und ist wie die folgende Alternative, die Menstruationstasse, eine einmalige Anschaffung zwischen 15 und 40 Euro. Das Prinzip dieses kleinen Silikonbehälters ist denkbar einfach: Man faltet ihn zusammen (alles in der beiliegenden Anleitung erklärt), führt ihn ein und nach bis zu zwölf Stunden, je nach Stärke der Periode, durch ein leichtes Zusammendrücken wieder aus.

Anschließend wird der Inhalt einfach in der Toilette hinuntergespült und das Gefäß ausgewaschen bzw. nach Ende der Periode einmal ausgekocht. Im Inneren bildet sich ein Vakuum, das ein Auslaufen vorbeugt und alles Nötige auffängt. Die sicherlich anfänglich etwas gewöhnungsbedürftige, aber in der richtigen Anwendung völlig unspürbare Tasse, ist besonders nachhaltig und erspart der Menstruierenden bis zu 90 % der durch ihre Monatsblutung hervorgerufenen CO_2-Emissionen sowie sehr viel Geld.

Mobilität- Durch Mitdenken seine CO2-Bilanz verbessern

Der wohl wichtigste Schritt zu einem besseren finanziellen Verhalten, was zusätzlich auch noch nachhaltig ist, ist das Bewusstmachen des aktuellen Zustands. Wie man in der folgenden Grafik erkennen kann, erzeugen verschiedene Fortbewegungsmittel unterschiedliche Ergebnisse, was Nachhaltigkeit und Kosten betrifft. Falls die angegebenen Daten nicht Ihrer persönlichen Situation entsprechen, haben Sie auf der Website *www.quarks.de* die Möglichkeit, die Rahmenbedingungen in einem individuellen CO_2-Rechner auf sich selbst anzupassen. Es ist entscheidend, über die Folgen der Fortbewegungsmittelwahl Bescheid zu wissen, sodass man auch in diesem sehr großen Lebensbereich die Chance hat, sich zu verbessern.

Durchschnittlicher Emissionen von Verkehrsmitteln[22]

Verkehrsmittel	Ø CO_2-Emissioen pro Person und km (g/Pkm)
Flugzeug	214 g
Auto	143 g
Linienbus	80 g
Straßen- & U-Bahn	55 g
Reisebusse	32 g
Eisenbahn	29 g

Warum man bewusst sein Flugverhalten hinterfragen sollte

Was eignet sich für den kurzen Trip nach Italien besser als der Flieger? Man kommt bereits nach kürzester Zeit an, erlebt während seiner Reise größten Komfort und trägt noch nicht einmal die Verantwortung, das Gefährt sicher zu führen. Doch egal, um welche Strecke es sich handelt, kann so ein Urlaubsflug schnell sehr teuer werden. Die Kosten

[22] Bundesumweltamt 2019

für eine Flugreise, die zwar von Fluggesellschaft zu Fluggesellschaft variieren, belaufen sich schnell, unabhängig von der Kürze der Strecke, auf mittlere bis hohe dreistellige Beträge.

Muss eine Urlaubsreise wirklich ein über Jahre angesparter Luxus sein? Diese hohen Preise lassen sich leicht durch die Wahl eines anderen Transportmittels umgehen, denn die hohen Summen für eine derartige Reise sind bei Weitem nicht die einzigen Nachteile einer Reise im Flieger. Wie Sie in der zugehörigen Grafik erkennen können, stößt das Flugzeug am meisten CO_2 aus. Auf einer Strecke zwischen Frankfurt und New York rechnen sich bei Hin- und Rückflug auf einen einzigen Reisenden über zwei Tonnen CO_2, sodass dieser Mensch laut Rechnungen des Umweltbundesamtes in diesem Jahr keinerlei Emissionen mehr produzieren dürfte.

Das schädliche CO_2 ist jedoch nicht der einzige Schadstoff, der durch den Kraftstoff Kerosin in die Atmosphäre gelangt. Auch Stickoxide und Aerosole tragen dazu bei, dass sich die Erdatmosphäre immer weiter aufheizt, wobei die Stickoxide ein großer Bestandteil des Treibhausgases Ozon bilden und Aerosole die natürliche Wolkenbildung stark beeinflussen. Man vermutet, dass diese Nebeneffekte des Fliegens die alleinige Wirkung des CO_2-Ausstoßes in Bezug auf den Treibhauseffekt um ein Zwei- bis Fünffaches verstärken.

Zusätzlich haben Fluglärm und eine verschlechterte Luftqualität in Fluggebieten einen nicht zu unterschätzenden Einfluss auf die Bevölkerung. Die Lautstärke erhöht das Risiko für Herz-Kreislauf-Erkrankungen und Infarkte und sorgt für eine nachgewiesene Lern- und Konzentrationsschwäche bei Kindern.

Falls Sie doch einmal nicht anders können, als den Flieger zu benutzen, setzen Sie daher auf Kompensationszahlungen, die für Nachhaltigkeitsprojekte eingesetzt werden. Je nach Flugziel und -dauer finden sich im Internet verschiedene Webseiten, um einen entsprechenden Preis herauszufinden und Projekte dieser Art zu finden.

Autofahrten reduzieren

Auch das Auto spielt sowohl auf der Kosten- als auch auf der Nachhaltigkeitsseite eine tragende Rolle. Gerade bei kurzen Stecken und womöglich auch noch schönem Wetter ist es durchaus einen

Gedanken wert, anstelle des Vierräders auf unmotorisierte Zweiräder umzusteigen. Die Rede ist vom allseits beliebten Fahrrad. Nicht nur, dass die zusätzliche Bewegung Ihrer Gesundheit guttut, denn insbesondere in Stadtgebieten ist die Zeit, die Sie in den vollgestopften Straßen zwischen anderen Autos verbringen, meist deutlich länger, als wenn Sie mit dem Fahrrad fahren. Auch das Laufen tut Ihnen und der Umwelt gut. Schon 6.000 Schritte am Tag verbrennen einige Kalorien (pro 10.000 Schritte ca. 500 kcal) und tragen durch die zusätzliche frische Luft zu einem gesünderen Körper und gestärkten Immunsystem bei. Wenn Sie trotz allem nicht auf das Autofahren verzichten wollen oder können, bleiben Ihnen immer noch zwei Möglichkeiten, Ihr Verhalten nachhaltiger und sparsamer zu gestalten.

Möglichkeit 1: Die Mitfahrgelegenheit. Warum nehmen Sie nicht einfach einmal andere Menschen mit einem ähnlichen Ziel auf Ihrer Strecke mit? Tun Sie sich mit Freunden oder Bekannten zusammen oder melden Sie sich auf Seiten wie blablacar.de oder fahrgemeinschaft.de an. Ganz egal, ob Sie nun bei jemand anderem mitfahren und Ihre eigenen Spritkosten sparen oder ob Sie sich als Fahrer sogar etwas Geld dazu verdienen, tragen Sie mit Sicherheit einen großen Anteil zur allgemeinen Nachhaltigkeit bei, denn schon, wenn nur zwei Menschen von zwei Autos in eines umsteigen, halbiert sich der CO_2- Ausstoß.

Möglichkeit 2: Das Car-Sharing. Von vielen Verkehrsverbünden in Deutschland bereits eingeführt, erobert der Trend des Car-Sharings gerade weite Teile des Beförderungsuniversums. Das einfache Konzept: Viele Nutzer teilen sich einen PKW, der entweder an speziellen Stationen aufzufinden ist oder sich durch eine App lokalisieren lässt. Laut einer Studie des Umweltbundesamts nutzen deutsche PKW-Besitzer das eigene Auto nur durchschnittlich eine Stunde am Tag. Die restlichen 23 Stunden steht es ungenutzt am Straßenrand und blockiert die in der Stadt ohnehin sehr knappen Parkflächen. Die modernen und energieeffizienten Fahrzeuge des Car-Sharings, die häufig auch in Verbindung mit den öffentlichen Verkehrsmitteln platziert sind, ersetzen teilweise bis zu zehn Privatwagen und sind deswegen nicht nur deutlich nachhaltiger, sondern auch viel kostengünstiger für Staat und Privatpersonen.

Der Heilsbringer - E-Auto?!

Das gerade von politischer Seite oftmals in höchsten Tönen gelobte Elektroauto trägt seinen Heiligenschein teilweise umsonst. Denn zwar ist das Konzept der strombetriebenen Autos sehr nachhaltig, doch mit der Umsetzung hapert gerade auf dem deutschen Markt gewaltig. Laut einer Studie des ADAC, die die einzelnen Antriebsarten von PKWs auf ihre Auswirkungen auf das Klima untersucht, sind die E-Wagen erst nach circa 127.000 gefahrenen Kilometern nachhaltiger als herkömmliche Benziner. Grund dafür sind erstens die meistens in außereuropäischen Ländern produzierten Batterien der Elektroautos, die unter schlechten Bedingungen und mit zusätzlich sehr langen Transportwegen produziert werden, und für die es noch keine adäquate Entsorgungsmöglichkeit gibt. Zweitens liegt das große Problem in der Herkunft des deutschen Stroms, der hauptsächlich aus nicht- nachhaltigen Quellen, wie der Stein- und Braunkohleindustrie stammt. Das Erdgasauto schloss in der Studie des ADAC hierbei als umweltfreundlichste Variante ab (ADAC 2019).

Herr der Dinge - Dem Konsumzwang entkommen

„Von dem Geld, das wir nicht haben, kaufen wir Dinge, die wir nicht brauchen, um Leuten zu imponieren, die wir nicht mögen."

Dieses Zitat stammt aus dem Film *„Fight Club"* und wenn wir mal ehrlich sind, fallen uns mit Sicherheit viele Dinge in unserem alltäglichen Umfeld ein, die auf diesen Satz zutreffen. Ein durchschnittlicher Deutscher hat rund 10.000 Dinge in seinem Besitz. Vom kleinsten Zahnstocher bis zum eigenen Auto sind hier alle Gegenstände inbegriffen, die uns gehören. Eine weitere, noch viel schockierendere Zahl: Täglich konsumieren wir in der westlichen Welt durchschnittlich 55 kg Zeugs. Darunter fallen der

Coffee-to-go-Einwegbecher und die gerade auf Amazon bestellte Jeans, aber auch das Benzin für den Weg zur Arbeit und zum Supermarkt. Wenn Sie diese Zahl hören, denken Sie sich wahrscheinlich genau wie ich: Wo ist das alles? Warum ist mein Zuhause nicht schon längst im Müll versunken? Die Antwort darauf ist ganz einfach, denn oftmals ist genau das der Fall. Wie viele Gegenstände landen in verstaubten Kisten und auf den obersten Regalbrettern, von denen wir noch nicht mal mehr wissen, dass wir sie besitzen?

Wie oft überkommt uns die dringende Kauflust, obwohl uns unser gesunder Menschenverstand und unser ganz normales Leben aufzeigen, dass wir besagten Gegenstand überhaupt nicht brauchen? Die heutige Gesellschaft definiert sich über den Konsum. Es herrscht ein ständiger Wettbewerb, ein sozialer Druck, der uns nach Anerkennung streben lässt, die wir durch den Konsum erlangen.

Aufgrund der weit klaffenden Schere zwischen arm und reich neigen wir dazu, uns über unseren Besitz zu definieren. Auch wenn wir schon alles haben, wollen wir noch mehr, weil wir uns „nach oben" orientieren, um soziales Ansehen zu erhalten. Im Umkehrschluss bedeutet das:

Konsumkritik ist gleich Selbstkritik, weswegen es vielen so schwerfällt, rational über das eigene Verhalten zu reflektieren und festzustellen, dass es auf ganz andere Dinge ankommt und man eigentlich Werte vertritt, die sich nicht über Materialismus definieren.

Damit Sie es schaffen, hinter die Fassade des eigenen Konsums zu blicken, müssen wir noch einmal tiefer auf dessen Ursprung eingehen, denn der gesellschaftliche Druck ist bei weitem nicht der einzige Grund für unsere Besitzlust.

Beginnen wir mit unserem Kontinent, auf dem wir leben. Wie auch in sehr vielen anderen Staaten, herrscht in der EU ein kapitalistisch ausgerichtetes System. Je mehr wir konsumieren, desto höher wird im Grunde das Bruttoinlandsprodukt, kurz BIP, welches wiederum als internationaler Maßstab für Machtposition und wirtschaftlichen Wohlstand eines Landes steht. Auch für uns als europäische Gesellschaft hat ein fortschreitendes wirtschaftliches Wachstum viele positive Auswirkungen. Es sorgt zum Beispiel für stabile Arbeitsplätze und wohlständige staatliche Sozialkassen. Im Umkehrschluss bedeutet dies aber auch, dass wir an diesem „Konsumzwang“ durch die Politik und das kapitalistische System an den Grundfesten unseres Staates rütteln müssten, was ein sehr langsamer und komplizierter Prozess ist.

Ein weiterer Grund für unseren Konsum findet sich in den Unternehmen, die als Profiteure aus unserer Kauflust herausgehen. Um auf dem nationalen und internationalen Markt in der Konkurrenz zu anderen Firmen zu bestehen, sind diese quasi gezwungen, die Verbraucher zu mehr Konsum anzutreiben und das innerbetriebliche System auf Fortschritt und Produktivität auszulegen. Durch Werbekampagnen und den Appell an die Kunden, genau das zu bieten, was sie vermeintlich brauchen, treiben sie uns ebenfalls zu mehr unnötigem Konsum an.

Zusätzlich wird es für uns immer einfacher zu konsumieren. Fortschritte in der Technik und eine optimale Produktion sowie nicht zuletzt die voranschreitende Globalisierung geben ein immer höheres Tempo bei der Beschaffung von Waren an. Nichts ist unmöglich - es gilt schnelle und sichere Geschäftsabwicklungen zu fördern, bei denen die Verbraucher noch nicht einmal ihr eigenes Haus verlassen müssen.

Schließlich hat Ihr Konsum noch andere Ursprünge, die sich auf eben diese Bequemlichkeit zurückführen lassen. Das Kaufen neuer Dinge ebenso wie das Unzufriedensein mit dem Ist-Zustand ist bereits ein fester Bestandteil Ihrer täglichen Routine geworden. Nicht nur, dass uns das alltägliche Leben bei einem Umdenken immer wieder Hürden durch beispielsweise scheinbar unschlagbare Angebote und enorm niedrige Preise in den Weg stellt, in unserer Sozialisierung sind Fortschritt, Wachstum und das universelle Mehr gleichbedeutend mit persönlichem Wert und Glück. Wer sich dieser Fehleinschätzung bewusst wird, hat eine sehr gute Chance, sein Verhalten zum Positiven hin zu verbessern.

Es ist für viele eine sehr schwere Aufgabe, den eigenen Konsum zu reduzieren, doch auch hier gibt es verschiedene Tipps und Tricks, mit denen man sich selbst zu besserem Verhalten erziehen kann. Um den ständigen Einfluss neuer Produkte zu verringern, wäre es zunächst wichtig, sich der Werbung so weit wie möglich zu entziehen. Schalten Sie weg, wenn in Radio oder TV-Reklame gemacht wird, bestellen Sie unnötige Newsletter ab und besorgen Sie sich einen Add-Blocker für den

Computer. Je weniger Verführung da ist, desto kleiner ist die Chance, verführt zu werden. Statt sich von spontanen Kaufgelüsten leiten zu lassen, sollten Sie versuchen, nur auf Shoppingtour zu gehen, wenn Sie etwas Konkretes brauchen. Machen Sie vor Ihrem Besuch im Kaufhaus eine Einkaufsliste, an die Sie sich zu halten haben und gewöhnen Sie sich ab „nur mal zu gucken".

Gerade für den finanziellen Aspekt der Konsumreduktion müssen Sie sich einen Überblick über die Lage im eigenen Geldbeutel machen. Maßnahmen wie ein Haushaltsbuch, in dem Sie jede Ausgabe dokumentieren oder ein selbst gesetztes Monatsbudget, das Sie nicht überschreiten wollen, stellen gute Ansätze für einen bewussteren Umgang mit Ihren finanziellen Ressourcen dar. Auch auf dem Weg in den Laden können Sie sich selbst überlisten. Benutzen Sie ausschließlich Bargeld, um eine bessere Vorstellung des Wertes Ihrer Ausgaben zu bekommen und nehmen Sie stets nur eine begrenzte Menge davon mit. So ist es nicht mehr möglich, zwischen den vielen Regalen und Auslagen doch noch schwach zu werden. Was ebenfalls helfen kann, ist der Gebrauch von Wunschlisten. Ob Sie per App, direkt auf der jeweiligen Internetseite oder ganz einfach per Hand in Ihr Notizbuch schreiben, ist dabei völlig egal. Der Sinn hinter dieser Liste besteht darin, die Kaufentscheidungen zu rationalisieren und nicht mehr nur aus dem Impuls heraus zuzugreifen. Bleiben Ihnen die Dinge im Kopf und würden Sie nach ein oder zwei Wochen immer noch zu Ihrem Kauf stehen? Oder haben Sie nach wenigen Stunden vergessen, was Sie eben noch dringlichst haben wollten? Aktualisieren Sie Ihre Wunschliste häufig, damit sich fast ganz von allein die Spreu vom Weizen trennt.

Ein weiteres Hilfsmittel, um den eigenen Konsum einzudämmen und darüber hinaus noch Geld zu sparen, besteht in der spezifischen Produktauswahl. Greifen Sie eher zu einer besseren Qualität, die zwar auf den ersten Blick deutlich teurer erscheinen mag, aber deutlich langlebiger ist. *„Wer billig kauft, kauft zweimal."* lautet ein bekanntes Sprichwort, das auch in Ihrem Kaufverhalten Einzug nehmen sollte.

Es lohnt sich, über einen gewissen Zeitraum hinweg mögliche Produkte miteinander zu vergleichen und sich selbst darüber bewusst zu werden, was man braucht und möchte. Muss es das neuste Handymodell sein, wenn der einzige Sinn und Zweck für Sie darin besteht, Telefonate zu führen? Was bringen Ihnen dann die beste Kameraqualität und eine riesige Menge Speicherplatz? Erstellen Sie sich ein Kaufkonzept, nach dem ein neues Teil erst bestimmte Kriterien erfüllen muss, um bei Ihnen aufgenommen zu werden. Es ist wichtig, ein Bewusstsein für den eigenen Besitz zu schaffen, damit man immer Herr oder Herrin der Lage ist. Die beste Aktion, um genau dieses Bewusstsein zu schaffen, ist das regelmäßige Ausmisten. Nur wenn Sie exakt wissen, was und wie viel Ihnen schon gehört, sind Sie fähig, die richtigen Entscheidungen zu treffen.

Gehen Sie nacheinander jeden Bereich Ihrer Wohnung durch, nehmen sie jeden Gegenstand in die Hand und fragen Sie sich: Brauche ich dieses Teil? Macht es mich glücklich? Ist es gut für mich und das Leben, das ich führen möchte? Sie werden überrascht davon sein, wie viele Dinge Sie über die Jahre angehäuft haben, die genau genommen überhaupt nicht gebraucht werden. Wiederholen Sie den Prozess des Ausmistens regelmäßig und sein Sie ehrlich zu sich selbst, denn es bringt Ihnen nichts, sich an Ihren Materialismus zu binden. Die

Gegenstände sollen Ihnen dienen, nicht umgekehrt!

Probieren Sie selbstständig aus, welche Vorsätze für Sie umsetzbar sind und verzweifeln Sie nicht, wenn Ihnen dieser Bereich des nachhaltigen Geldsparens besonders schwerfällt. Es ist noch kein Meister vom Himmel gefallen!

Gebrauchtes kaufen

Die Verkaufsentscheidung ist gefallen, das Produkt auf Herz und Nieren geprüft und Sie sind bereit, Ihr Geld auszugeben. Doch wieso muss es eigentlich immer ein brandneues, teures Produkt sein? Es gibt viele Möglichkeiten, einwandfreie und neuwertige Produkte zu kaufen und gleichzeitig Planet und Geldbeutel zu schützen.

Die Rede ist von Marktplätzen für gebrauchte Ware. Durch den Kauf von bereits benutzten Dingen helfen Sie aktiv mit, die enormen Berge an täglichem „Produktmüll" zu verringern und machen es möglich, die Langlebigkeit von Gegenständen zu erhöhen. Falls Sie in Ihrer Umgebung keine Möglichkeit haben, auf Flohmärkten, in Gebrauchtwarenläden oder durch Privatverkäufer an das Teil Ihrer Wahl zu kommen, empfehlen sich auch hierbei verschiedene Portale im Internet. Auf *www.utopia.de* finden Sie eine

Übersicht der beliebtesten Marktplätze für gebrauchte Produkte sowie viele Tipps und Tricks, wie Sie auch beim Onlinekauf Qualität und seriöse Angebote ausfindig machen können.

Insbesondere beim Kauf von elektronischen Geräten gilt es, auf ein gutes Preis-Leistungsverhältnis zu achten. Wieso nicht einmal ein „refurbished"- Produkt ausprobieren? *„Refurbished"* bedeutet so viel wie „generalüberholt". Hierbei handelt es sich beispielsweise um Rückläuferprodukte oder Vorzeigeware aus Elektromärkten, an denen sich die Kundschaft ausprobieren durfte. Genau ist diese Bezeichnung nicht definiert, denn jeder Hersteller legt diese Kennzeichung etwas anders aus. So reicht die Produktpalette von komplett gereinigten, aufgefrischten bis zu eindeutig gebrauchten oder verkratzten Geräten, die allerdings garantiert von namenhaften Markenherstellern sind. Meistens wurden sie vom Hersteller überprüft und funktionieren einwandfrei. Preislich gibt es auch hier individuelle Unterschiede, doch sind „refurbished"- Produkte oftmals um ein Vielfaches reduziert, sodass Sie durchaus bis zu 50% des originalen Preises einsparen können.

Besonders im Internet gibt es gute Anbieter für diese generalüberholten Elektrogeräte. Zu empfehlen sind an dieser Stelle Amazon, der Elektrofachhändler Conrad und speziell Apple. Letzteres Unternehmen bietet auf Produkte mit dem „refurbished“ - Label zusätzlich ein Jahr Garantie und 14 Tage Rückgaberecht. Spätestens hier macht sich der Unterschied zwischen normalem gebrauchtem Kauf und dem Erwerb von „refurbished“ - Produkten deutlich bemerkbar und präsentiert die generalüberholten Geräte als optimale Alternative zu einem herkömmlichen Kauf von brandneuen Produkten.

Geplante Obsolenz

Übersetzt aus dem Lateinischen bedeutet dieser Begriff so viel wie: geplante Alterung. Die Rede ist von Produkten (oftmals handelt es sich dabei um elektronische Geräte wie Smartphones oder Laptops), die schon in der Herstellung auf einen verfrühten Verschleiß gepolt werden. Seien es Teile, die nach ein bis zwei Jahren nicht mehr funktionsfähig sind, Updates, die nach einem aktuelleren Gerät verlangen oder Reparaturen, die so teuer werden, dass das ein neues Produkt Ihnen lohnenswerter erscheint, es gibt viele Arten, wie sich die geplante Obsolenz offenbaren kann. Bei diesem Effekt handelt es sich keineswegs um eine Neuheit. Bereits in den 1920er Jahren vereinbarten führende Glühbirnenhersteller, die Lebenszeit ihrer Birnen absichtlich zu verkürzen. Beweisbar ist die geplante Obsolenz allerdings nicht, denn natürlich liegt das Manko des Produktes meistens nicht nachweisbar an der Herstellung, dennoch gibt es verschiedene Wege, wie man es schafft, ihr zu entgehen. Die Reparatur kaputter Geräte oder das Teilen funktionierender Produkte kann der geplanten Obsolenz entgegenwirken.

Kleidung

Die TU Berlin brachte 2019 eine Studie mit dem Titel *„Der Lebensweg eines T-Shirts - eine Ökobilanz"* heraus. Diese maß an einem herkömmlichen, außerhalb von Europa produzierten weißen Baumwollshirt die Auswirkungen dessen auf verschiedene Aspekte des ökologischen Fußabdrucks.

Dabei zeigte sich, dass das circa 150 g schwere Kleidungsstück ein Vielfaches seines eigenen Gewichts an Wasser verbraucht sowie die Verantwortung für 3,7 kg CO_2-Emissionen, auf sein ganzes „Leben" verteilt, trägt. Es wird durchschnittlich 44 Mal gewaschen und 4,4 Mal getrocknet, bis es in der Mülltonne landet. Damit zeigt sich eine maßgebliche Verantwortlichkeit der Textilindustrie an der globalen Süßwasserverschwendung, dem weltweiten Rohstoffverbrauch und der immensen Gewässerverschmutzung durch nicht-biologisch abbaubare Chemikalien.[23] Da es sich beim Beispiel dieses T-Shirts nur um einen globalen Durchschnittswert handelt, ist es an der Zeit, sich die sogenannte *Fast-Fashion*-Branche

[23] Lehmann et al. 2019

anzuschauen. Sie bestimmt zurzeit einen großen Teil des weltweiten Textilmarktes. Wer *Fast-Fashion* kauft, erhält niedrigste Preise, stets den neusten Trends angepasste, dauerhaft wechselnde Kollektionen und ein kurzlebiges, nicht besonders hochwertiges Produkt. Leider tut die Unterstützung dieses Geschäftsmodells weder etwas Gutes für unseren Planeten noch langfristig gesehen etwas für unseren Geldbeutel.

Beginnen wir mit dem finanziellen Aspekt. Natürlich ist es schwer, einem schicken T-Shirt für nur fünf Euro zu widerstehen. Doch, was wenn dieses, wie die Mehrheit der Fast-Fashion-Produkte, nach nur einem Jahr verschleißt und wie 60 % der gekauften Kleidungsstücke dieser Branche in die Mülltonne wandert? Schon muss es das nächste Billigteil sein, was sich auf Dauer gesehen als ein sehr hoher Kostenfaktor herausstellt. Außerdem zeigt sich der Kauf von diesen Waren keineswegs als nachhaltig. Von den sage und schreibe 1,2 Billionen Tonnen an jährlich produzierten *Fast-Fashion*-Artikeln werden nur etwa 60 % überhaupt verkauft. Der Rest wandert in den Müll. Auch verursacht die Textilindustrie im Jahr so viel Emissionen wie alle Flug- und

Schiffreisen im selben Zeitraum zusammen, denn die gebrauchte Energie liefert beinahe ausschließlich die Kohleindustrie. Unternehmen, die *Fast-Fashion* produzieren, schaden den weltweiten Ökosystemen durch Chemikalien und Pestiziden, die nicht nur Biotope wie beispielsweise den Aralsee, der mittlerweile nur noch eine ausgetrocknete Salzfläche ist, vollständig zerstören, sondern auch uns Menschen beim Tragen der Kleidungsstücke schädigen können.

Da ungefähr 80 % der Textilien aus, in China durch Erdöl erwirtschaftete Kunstfasern bestehen, setzen wir beim Waschen und Trocknen große Mengen an Mikroplastik frei, die nun ungehindert in unsere Umwelt gelangen können. So stammt ein Drittel der in den Ozeanen schwimmenden Plastikteilchen ursprünglich aus den Textilfabriken dieser Welt, in denen nicht nur sozial schlechter gestellte Menschen aus Entwicklungsländern zu unterirdischen Löhnen arbeiten, sondern sogar Kinder an ungesicherten und teilweise hochgiftigen Arbeitsplätzen Tag für Tag ihre Gesundheit riskieren, um den Familien beim Überleben zu helfen.

Weniger schockierende Fakten finden sich in

der *Slow-Fashion-Industrie*. Diese auf Nachhaltigkeit und Langlebigkeit bedachte Textilbranche hat ihren Fokus auf eine nachhaltige und qualitätvolle Ware gelegt. Meist erkennbar an zertifizierten Texilsiegeln, produzieren diese Unternehmen ihre Kleidung oft regional, um so der Umwelt zuliebe auf die langen Transportwege zu verzichten. Auch durch eine uneingeschränkte Transparenz der Wertschöpfungskette zeichnen sich die fairen Labels aus. Eine gerechte Bezahlung der Arbeitenden sowie gesicherte und unbedenkliche Arbeitsbedingungen gehen hier Hand in Hand mit nachhaltigen und umweltschonenden Rohstoffen, die in keinster Weise Chemikalien oder Pestizide enthalten.

Zwar sind die Produkte der *Slow-Fashion*-Unternehmen meistens deutlich teurer als ihre *Fast-Fashion*-Alternativen, jedoch halten sie deutlich länger und bestehen aus besseren Materialien. Wer trotz aller nachhaltigen Vorteile nicht auf die fair produzierenden Firmen zurückgreifen will, sollte sich auf das immer populärer werdende *Second-Hand*-Angebot konzentrieren. Auch diese Form des nachhaltigen Kleidungskonsums zählt zur *Slow-Fashion*-Branche und bietet eine vielfältige Auswahl an Stilen und Kleidungsstücken.

Wenn es nicht der lokale *Second-Hand*-Store in der Stadt sein soll, gibt es auch hierfür zahlreiche Apps und Websites wie zum Beispiel Vinted oder Depop. Eine weitere Möglichkeit, die sowohl im privaten als auch im öffentlichen Rahmen stattfinden kann, bieten sogenannte Kleidertauschparties. Treffen Sie sich mit Freunden, nehmen Sie Ihre alten aussortierten Kleidungsstücke mit und tauschen Sie sie gegen neue Teile. Hierdurch kommen Sie mit anderen ins Gespräch und bekommen zusätzlich noch modische Inspirationen für Ihren Kleiderschrank.

Leihen statt Besitzen

Es klingt so einfach und ist doch eine so effektive Möglichkeit, nachhaltiger und vor allem sparsamer zu leben. Das Konzept von Bibliotheken funktioniert auch mit anderen Produkten. Die „Kleiderei" in Hamburg, in der sich Frauen gegenseitig gegen einen Mitgliedsbeitrag ihre Kleider ausleihen oder der Laden „Leila" in Berlin, in dem jeder, der etwas zu verleihen hat, auch etwas leihen kann, sind nur einige Beispiele dafür, dass dieses Konzept, das als Trend begonnen hat, sich nun auch tiefer in den Kern der Gesellschaft vorarbeitet. Man bindet sich nicht an die Dinge, lebt flexibel und frei und spart obendrauf noch eine große Menge an Geld. Zusätzlich decken sich diese Gedanken mit dem Leitbild der Nachhaltigkeit. Dieses Modell entspricht besonders dem Lebenskonzept der jüngeren Generationen und findet daher immer weiteren Anklang in aufkommenden Geschäftsentwürfen. So basieren Carsharing und Airbnb auf genau dieser Idee und sind mittlerweile aus der heutigen Welt nicht mehr wegzudenken.

Die besten Nachhaltigkeits-Hacks für unterwegs

Ob auf dem Weg zur Arbeit, auf einer Reise oder auf anderen kürzeren oder längeren alltäglichen Ausflügen und Strecken, es gibt auch außerhalb der eigenen vier Wände viele Möglichkeiten, Geld zu sparen und nachhaltig zu leben. Begleiten Sie mich daher auf einem virtuellen Ausflug in den Park.

Es ist ein schöner Sommernachmittag. Die Sonne scheint, es geht ein angenehmer Wind und der kleine Park um die Ecke lockt Sie mit saftig grünen Rasenflächen und gemütlichen Sitzgruppen zum Entspannen. Sie lassen sich nicht länger bitten, packen Ihre sieben Sachen ein und machen sich auf den Weg. Gemütlich schlendern Sie die verschlungenen Wege der hübschen Parkanlage entlang, während Sie die blühenden Blumenbeete rechts und links bewundern. Auf einmal entdecken Sie eine besonders schöne Blüte, deren Name Ihnen leider entfallen ist. Schon holen Sie das Smartphone aus der Tasche, um über die mysteriöse Pflanze zu recherchieren, doch wie Ihnen schmerzlich bewusstwird, haben Sie vergessen, den Akku aufzuladen. Dies ist kein Problem, dass Sie lange aufhält, denn zum Glück haben Sie Ihre nagelneue Solarpowerbank dabei.

Das Konzept einer solchen ist besonders einfach. Es handelt sich dabei um einen aufladbaren Akku mit einem oder mehreren USB-Anschlüssen, an dem mehrere Solarpanels befestigt sind. Diese sorgen für sonnenbedingtes Aufladen des Akkus und schaffen somit die Möglichkeit, fern ab von Steckdosen und nicht nachhaltigen Stromquellen einen selbstständigen Ökostromanschluss dabeizuhaben.

Mittlerweile gibt es diese Powerbank in allen erdenklichen Leistungsbereichen, Preisklassen und Designs, deren Gestaltung sich individuell auf den

Besitzer einstellen lässt. Suchen Sie ein leistungsstarkes Modell, mit dem Sie getrost mehrere Tage in der Wildnis mit vollem Handyakku überstehen können oder reicht Ihnen ein etwas kleineres Gerät, das Sie über wenige Stunden versorgen kann? Mit ein wenig Recherche werden Sie sicherlich etwas Passendes für sich entdecken. Natürlich ist auch diese Idee zur Nachhaltigkeit nicht perfekt, schließlich muss für eine optimale Funktionalität erstmal die Sonne scheinen. Außerdem können die angebrachten Solarpanels auch etwas größer ausfallen, was vielleicht den praktischen Aspekt vermindert, auch wenn es durchaus bei vielen Modellen die Möglichkeit gibt, die externen Platten zu Transportzwecken abzubauen. Zwar kostet die Anschaffung einer Solarpowerbank ein wenig mehr als die einer herkömmlichen Variante, doch die gesparten Stromkosten an Campingplätze oder Hotels im In- und besonders Ausland machen die Investition wieder wett.

Nachdem Sie Ihr Smartphone angesteckt und wieder angeschaltet haben, öffnen Sie den Server und geben den Suchbegriff ein. Dabei benutzen Sie die Suchmaschine *Ecosia*.

Diese nachhaltige Möglichkeit, das Internet nach Suchbegriffen zu durchforsten, wird in den letzten Jahren immer beliebter. Die Plattform *Ecosia* funktioniert nicht anders als Google, Bing, Yahoo und all die anderen Suchmaschinen, mit dem einzigen Unterschied, dass sie ihren Fokus auf den Erhalt von weltweiten Waldstücken gelegt hat. Durch die angezeigte Werbung finanziert die Firma mit rund 80 % der Gewinne in über 15 Ländern der Welt über 20 Baumpflanzprojekte. Sie konzentrieren sich dabei auf besonders gefährdete Waldstücke, also Wälder, die einen Verlust von mindestens 70 % aufweisen. Das Ziel bis 2020 war es, insgesamt eine Milliarde neue Bäume zu pflanzen, was im Schnitt eine Saat pro 1,1 Sek. bedeuten würde. Auch den eigenen Beitrag kann man ohne Probleme mitverfolgen. Durch eine Art Ticker in der Ecke sieht man, für wie viele Bäume man durch seine eigenen Suchanfragen verantwortlich ist. Hierbei rechnet man ungefähr einen Baum alle 45 Suchanfragen.

Nachdem Sie schließlich den Namen der hübschen Blume herausgefunden haben, setzen Sie sich auf eine Bank. Auf einmal steigt Ihnen der verführerische Geruch von Kaffee in die Nase und

Sie beschließen, dem nahegelegenen Kiosk einen Besuch abzustatten. Schon als Sie sich in die Schlange stellen, bemerken Sie viele hübsche Becher aus robustem Plastik oder Bambus, die neben den herkömmlichen Pappalternativen stehen. Beim genaueren Nachfragen hören Sie vom sogenannten *„Recup"*-System.

Es ist denkbar simpel und spart nicht nur Geld, sondern trägt auch erheblich zur Müllreduzierung bei. Beim Kauf eines Heißgetränks aus dem *Recup*-Becher, das meistens sogar noch günstiger ist als aus einem Einwegbecher, zahlt der Kunde einen Euro Pfand auf einen wiederverwendbaren Becher, der nicht nur durch ansprechende Designs, sondern auch durch Lebensmittelechtheit, Geschmacksneutralität und Langlebigkeit besticht. Zusätzlich ist das Produkt völlig BPA-frei. Auch dieses Projekt wird immer verbreiteter, wobei es bereits durch Unternehmen wie McDonalds, die das System ebenfalls etabliert haben, einen großen Anklang gefunden hat.

Wenn Sie nicht ohnehin schon Ihren eigenen Becher mitgenommen haben, was ohnehin die nachhaltigste und günstigste Alternative ist, wenn Sie sich ins Gedächtnis rufen, dass allein in Berlin pro Tag 460.000 Coffee-2Go-Becher verwendet werden, kaufen Sie einen dampfenden Kaffee und ziehen sich wieder auf Ihre Sitzgruppe zurück. Beim genüsslichen Schlürfen der heißen Flüssigkeit überfällt Sie auf einmal der Hunger, doch wo sollen Sie auf die Schnelle eine leckere, nachhaltige und vor allem günstige Mahlzeit herbekommen? Kein Problem für einen ganz besonderen Helfer bei Fragen dieser Art…

Die App *„Too good to go“* verzeichnet Restaurants oder Cafés in Ihrer Nähe, die, meistens nach Feierabend, noch einige Reste übrighaben. Diese werden im Vorhinein nach einer unkomplizierten Anmeldung per Onlinebezahlsystem bezahlt und können direkt im Laden abgeholt werden. Auf einer appinternen Karte leuchten die teilnehmenden Gastronomiebetriebe in grünen bzw. roten Farben auf, was davon abhängt, ob sie gerade etwas übrighaben oder nicht.

Mit einem Klick haben Sie Zugriff auf eine kurze Beschreibung sowie einen deutlich geringeren Preis, der meistens daher rührt, dass man sich die genaue Zusammenstellung der Speisen nicht aussuchen kann. Der einzige Nachteil ist, dass dieses vor einigen Jahren gegründete Start-Up noch nicht sehr viele Teilnehmer hat und deshalb in kleineren Orten weniger Angebotsdiversität vorhanden ist. Auch kann es sein, dass Restaurant- und Cafébetreiber das versprochene Angebot in der App wieder vergessen und eine Bestellung deswegen keine absolute Garantie für eine Mahlzeit darstellt. In diesem Falle stellt eine Rückerstattung des Geldes allerdings keine Probleme dar.

Als Sie sich schließlich die entsprechende Mahlzeit von einem nahegelegenen Restaurant in einem selbst mitgebrachten Beutel oder ähnlichem mitgenommen haben, der den unnötigen Verbrauch von einer Einwegtüte verhindert, machen Sie sich schließlich auf den Weg nach Hause und genießen noch den entspannten Abend eines Tages, an dem Sie nicht nur der Umwelt, sondern auch Ihrem Geldbeutel etwas Gutes getan haben.

Umweltfreundliches Arbeiten im Büro

Ein durchschnittlicher Erwachsener verbringt laut einer Statistik des *American Bureau of Labor Statistics* 3.716 Stunden an seinem Arbeitsplatz.[24] Ob es sich dabei nun um eine großkarätige Firma, ein kleines Familiengeschäft oder ein neu gegründetes Start-up handelt, ist dabei egal, denn eines haben auch noch in der heutigen Zeit sehr viele Unternehmen gemeinsam: Kaum eines denkt an die Etablierung von Nachhaltigkeit im eigenen Betrieb. Es ist kaum verständlich, woran dieses Manko festzumachen ist, denn wie Sie bereits festgestellt haben sollten,

---

[24] U.S. BUREAU OF LABOR STATISTICS 2017

handelt es sich bei der großen Mehrheit der nachhaltigen Handlungsmethoden nicht um aufwendige Notlösungen, sondern um geldsparende, praktische Alternativen, die sich auch im Bereich rund um den Büroalltag ohne Probleme umsetzen lassen.

Die Basis

Zuallererst muss ein Bewusstsein für einen nachhaltigen und sparsamen Tagesablauf geschaffen werden. Dabei sollten die Verantwortlichen in der Firma darauf achten, jeden Mitarbeiter auf die neuen Handlungsabläufe einzustellen und mit Hilfe des kollektiven Bewusstseins die neuen Alternativen zur Überzeugung jedes einzelnen Mitarbeiters zu machen. Nur wenn alle sich an die neu geschaffenen Regeln halten, kann eine langfristige Gewohnheit aus dem neuen Alltag werden. Nützliche Helfer auf dem Weg dorthin sind beispielsweise Schilder, die auf einen sparsamen Wasserverbrauch am Waschbecken oder das Ausschalten der Lichter hinweisen oder andere kleine, aber einprägsame Hinweise, die den Mitarbeitenden ständig und überall begegnen. Wenn man sich (noch) nicht auf die Hilfe der einzelnen Personen verlassen kann, empfiehlt es sich von organisatorischer Seite, einige Veränderungen zu wagen.

Sensoren für das automatische Ausgehen von Lichtern, eine zentrale Schaltung für den Strom an Bildschirmen und PCs nach Feierabend oder eine betriebsweite Bezuschussung von Bus- und Bahntickets für einen umweltfreundlicheren Weg zur Arbeit bilden hier nur einige Ansätze. Neuanschaffungen im Betrieb sollten genau auf ihre Notwenigkeit geprüft werden. Vielleicht ist eine Reparatur des alten Gegenstands sogar eine viel günstigere Lösungsmöglichkeit, bei der sich beispielsweise Ersatzteile für elektronische Geräte auch gebraucht kaufen lassen? Zur besseren Integration aller ließe sich eine Art „Schwarzes Brett“ für Ideen einrichten. So haben alle die Möglichkeit sich auszutauschen, Kritik zu äußern und vor allem mit eigenen, innovativen Vorschlägen zur Gestaltung der Nachhaltigkeit das Konzept zu bereichern.

Das Büro an sich

Am Anfang der neuen Veränderungen sollte die Einrichtung des Büros stehen. Es ist womöglich nicht unbedingt notwendig, die Heizung immer mit maximaler Kraft laufen zu lassen. Die optimale

Raumtemperatur befindet sich zwischen 20 und 22°C im Sommer und je nach Ausgangswert bei einem Grad weniger im Winter, was schon eine circa sechsprozentige Ersparnis der Energiekosten ausmacht. Anstelle von einer durchgehend laufenden Klimaanlage sollte vielmehr ein frühmorgendliches Lüften und anschließendes Verdunkeln der Räume zum täglichen Programm gehören.

Für das entsprechende frische Lüftchen eigenen sich Ventilatoren, die einen deutlich geringeren Stromverbrauch als herkömmliche Klimaanlagen vorzuweisen haben. Eine weitere Verbesserung des Raumklimas lässt sich durch Zimmerpflanzen herstellen. Diese mindern die Schadstoffe und Staub, welche sich besonders in älteren Büroräumen mit Teppich befinden, sorgen für ein freundliches Raumklima und kontrollieren die Luftfeuchtigkeit.

Gärtnern lässt sich auch auf ungenutzten Grünflächen in der Nähe der Firma. Wie wäre es zum Beispiel mit einem eigenen Bürogarten? Kräuter, Blumen für die Bienen und eine schöne Sitzgruppe helfen nicht nur der Natur, sondern bieten allen Mitarbeitern die perfekte Gelegenheit für eine erholsame Mittagspause, in der sie ihren mitgebrachten Salat auch noch mit eigens angepflanzten Gemüsesorten oder Basilikumblättern versehen können.

Auch ein Komposthaufen sorgt nicht nur für eine optimale Entsorgung der Grünabfälle, sondern bietet einen nahrhaften Lebensraum für Insekten und Kleintiere. Falls sich die Gartenidee in Ihrer Firma nicht umsetzen lässt, bleibt die Mülltrennung jedoch ein entscheidender Ansatz zur Verbesserung der Nachhaltigkeit im Büro. Für den geringen Aufwand, den es braucht, um zwischen Plastik, Papier, Restmüll zu unterscheiden, hat man gleichzeitig finanzielle Vorteile und Umweltschutz mit einer Klappe geschlagen. Denn während die Müllentsorgung jetzt noch eine viel bessere Chance hat, jede Art von Abfall auf die korrekte Art zu entsorgen, ist der Restmüll die mit Abstand teuerste Kategorie, was die Abholung durch die Müllabfuhr betrifft. Genau wie man auf die nachhaltige Entsorgung der Materialien in einem Büro achten sollte, ist die Anschaffung von günstigen und umweltschonenden Produkten ein Muss. Das präsenteste Beispiel hierfür ist ohne Frage das Papier. Eine holzfreie recycelte Variante ist nicht nur finanziell, sondern auch im Hinblick auf die immense Abholzung der Wälder in Asien und Südamerika ein Segen.

Ebenso geht es um die Reduktion der Printmedien. Heutzutage ist es einfacher als je zuvor, zum Beispiel auf Briefverkehr per Post zu verzichten und derartige Prozesse zu digitalisieren. Zwar ist eine einzige E-Mail der Auslöser für vier Gramm CO_2-Emissionen, doch ist der Postweg bedeutend teurer und verursacht deutliche höhere Emissionen durch den Transport. Eine weitere Möglichkeit, Papier zu sparen ist, nicht für jeden Druck ein neues Blatt zu benutzen.

In den meisten Firmen gibt es große Mengen an unbenutztem Altpapier mit blütenweißen Rückseiten, die nur darauf warten, von Ihnen genutzt zu werden. Wenn es sich bei den Papieren nicht gerade um hochseriöse Kundenkommunikation handelt, stören fremde Inhalte auf der Rückseite nur sehr wenig. Sofern es möglich ist, wäre es ebenfalls günstiger, Farbdrucke zu vermeiden und bei der Verwendung von weißem Papier auf beiden Seiten zu drucken. Genauso wie die Einlage von 70 g statt 90 g Papier, schont dieses Verhalten die Ressourcen unseres

Planeten und die des Firmengeldbeutels. Der letzte Punkt des Papiersparens findet sich in internen Betriebsmeetings. Achten Sie darauf, in der Gesprächsrunde Laptops oder PCs zu verwenden, während allgemein wichtige Informationen auf einem für alle sichtbaren Bildschirm oder Projektor präsentiert werden. Handschriftliche persönliche Gedanken und Notizen lassen sich auf wiederbeschreibbaren Notizbüchern festhalten, die man nach Benutzung und Speicherung erneut beschriften kann. Wenn sich Ausdrucke trotz allen Anstrengungen nicht vermeiden lassen, empfiehlt es sich, nur halb so viele Exemplare wie nötig auszuteilen und die Mitarbeitenden dazu anzuregen, sich die Blätter zu teilen. Wie Sie sicher sehen, lassen sich auch auf diesem Gebiet sparsame und einfache Methoden finden, die zusätzlich noch das Klima schonen!

Prozessoptimierung

Wie im Bereich des Büros, finden sich auch im weiter gefassten Sinne Möglichkeiten zur firmeninternen Prozessoptimierung. Hier gilt es, auch ein erweitertes Augenmerk auf die Verpackungsmaterialien zu legen.

Auch wenn Dinge wie Luftpolsterfolie

manchmal unumgänglich sind und darüber hinaus noch als ein willkommenes Spielzeug für Kinder und Hauskatzen herhalten, sind es leider genau diese plastikhaltigen Materialien, die sich als teuer und umweltschädigend herausstellen. Versuchen Sie diese zu reduzieren und stattdessen zum Beispiel mit Karton zu arbeiten sowie, sofern es möglich ist, größere Warenmengen in weniger Verpackungsmaterialien zu versenden. Was ebenfalls einen nicht zu unterschätzenden Geld- und Umweltfaktor im täglichen Firmenalltag bildet, sind die Geschäftsreisen. Es ist natürlich logisch, dass sich diese in vielen Fällen nicht völlig vermeiden lassen, doch wäre es ein guter Anfang, sie beispielsweise nicht mit den allseits beliebten Firmenwagen zu erledigen, sondern dafür auf die wesentlich nachhaltigeren öffentlichen Verkehrsmittel umzusteigen. Falls es sich bei dem geplanten Aufenthalt eher um eine umgehbare Formalie anstelle einer dringenden Notwenigkeit handelt, lohnt es sich, Telefon- oder Videokonferenzen einer echten Reise vorzuziehen, da sie nur ein Bruchteil der CO_2-Emissionen und finanziellen Ausgaben bedeuten.

Essen im Büro

Ein letzter, aber nicht zu vernachlässigender Ansatz für einen nachhaltigeren Arbeitsplatz ist der Bereich des Essens. In den Kantinen und Mensen vieler Firmen herrscht heutzutage immer noch ein großes Defizit. Die Qualität des Essens ist katastrophal, die Mahlzeiten werden von externen Großküchen über weite Strecken hinweg und meistens schon völlig abgekühlt angeliefert sowie auf Einweggeschirr serviert und schließlich weggeworfen, weil sie weder schmecken noch besonders gesund sind.

Doch muss das wirklich sein? Viel Arbeitende essen an fünf Tagen der Woche in ihrer Firma zu Mittag, sodass die dort angebotenen Speisen einen erheblichen Teil ihrer Ernährung ausmachen, sodass die Frage eigentlich „Kann man das verantworten?" lauten müsste.

Wie Sie mir sicherlich zustimmen, müssen sich diese Zustände, vor allem zum Wohle der Mitarbeiter, ändern. Diese brauchen frische Lebensmittel, deren Qualität zumindest annehmbar ist und geeignetes, wiederverwendbares Essgeschirr. Wenn die Umstellung des gesamten Kantinenangebots auf einen Schlag zu teuer ist, lassen sich auch hier kleine, aber Großes bewirkende Schritte gehen, um auch diesen Bereich der Firma auf Nachhaltigkeit einzustellen.

Gehen wir zuerst einmal auf die Zwischenmahlzeiten und Getränke der Kollegen ein. Warum müssen sich alle Mitarbeiter mit jedem neuen Kaffee oder Tee einen weiteren Plastik- oder Pappbecher aus dem Spender ziehen, wenn dieser nach dem Verzehr des Getränkes sowieso wieder im Müll landet? Auch hier lässt sich leicht Abhilfe schaffen. Veranlassen Sie, dass jeder einzelne Mitarbeiter seinen eigenen wiederbefüllbaren Trinkbehälter mitbringt, der nach Belieben wieder aufgefüllt werden kann und für den es eine zugängliche Spülmöglichkeit gibt. Als Beilage für Kaffee oder Tee lohnt es sich, mit einem regionalen Obst- und Gemüsebauern eine Kooperation einzugehen und mit einer täglich frischen Ladung Früchte nicht nur für gesunde und erfrischte Mitarbeiter zu sorgen, sondern auch die regionale Wirtschaft zu unterstützen.

Eine weitere nachhaltige Möglichkeit wäre, in der Teeküche (o. ä.) ein Fach für gemeinsames Essen zu installieren. Hier haben die

Mitarbeitenden die Chance, selber Geld zu sparen und beispielsweise etwas überdimensioniertes Mitgebrachtes mit anderen zu teilen. Genau wie ein Kochabend in der Abteilung oder ein gemeinsames monatliches Teammeeting zum Austausch von Lob und Kritik am firmeninternen Miteinander, fördert das soziale Miteinander der Kollegen und wirkt sich positiv auf das Betriebsklima aus.

Alles in allem lässt sich nun auch wieder in dieser Kategorie absehen, dass Nachhaltigkeit zum Wohle aller wirkt und nicht nur Finanzen und Umwelt schont, sondern auch soziale Gruppen näher zusammenrücken lässt.

Teil C – In der Freizeit

Reisen und Urlaub

Wie wir bereits wissen, sollte laut Berechnungen des Weltklimarates eine einzelne Person pro Jahr für nicht mehr als zwei Tonnen CO_2 im Jahr verantwortlich sein. Wer seine Reise mit der Bahn plant, verbraucht davon auf einer Strecke wie zwischen Berlin und Prag lediglich acht Kilogramm. Nimmt man das Auto, erhöht sich der CO_2-Verbrauch auf bis zu 55 Kilogramm. Am höchsten ist der Verbrauch mit dem Flugzeug.

Dieser beträgt hier circa 108 Kilogramm. Rechnet man diesen Wert auf einen transatlantischen Flug um, hätte die reisende Person lediglich auf dem Hinflug ihr ganzes „CO_2-Budget" für ein ganzes Jahr aufgebraucht. Viele

Menschen sind sich nicht bewusst, welche Auswirkungen ihr Reiseverhalten auf den Zustand des CO_2-Haushaltes der Erde hat. Besonders in Industrieländern, in denen Wohlstand und Reichtum herrschen, gehört der jährliche Urlaub in unterschiedlichen Teilen der Erde fest zum Programm. Es gilt, einen sogenannten sanften Tourismus zu pflegen und obwohl bei einem Urlaub meist die persönliche Erfahrung und Entspannung im Vordergrund stehen, auch einen Blick auf das Wohl des Planeten zu legen, was in den meisten Fällen auch dem eigenen Geldbeutel zugutekommt. Es sollte stets im eigenen Interesse liegen, mit seinem Aufenthalt an einem anderen Ort die dortige Kultur, Natur und Bevölkerung zu respektieren und im besten Falle sogar zu fördern.

Urlaubsplanung

Bevor es in den Urlaub gehen kann, stehen zuerst einmal Ideen und Planung auf dem Programm. Wohin soll es gehen? Wie gelangen Sie zu Ihrem Ziel? Welche Unterkunft ist die richtige? Die richtigen Antworten darauf gestalten sich natürlich sehr individuell, jedoch sollten Sie im Hinblick auf einen nachhaltigen und sparsamen Urlaub einige Hinweise beachten. Stellen Sie die Entfernung Ihres

Zielortes in ein angemessenes Verhältnis zu Ihrer Aufenthaltsdauer.

Ein Wochenendtrip nach Südafrika ergibt ebenso wenig Sinn wie eine Woche nach Thailand, denn es wäre sowohl sehr umweltschädigend, innerhalb so kurzer Zeit derartige Distanzen mit dem Flugzeug zurückzulegen als auch weder erholsam noch günstig. Versuchen Sie daher einen längeren Aufenthalt einzuplanen, je weiter Ihr Ziel entfernt ist. Eine weitere Möglichkeit ist es auch, mehrere beieinanderliegende Reiseziele miteinander zu verbinden und beispielsweise innerhalb eines Landes eine Fahrradtour zu unternehmen oder mit öffentlichen Verkehrsmitteln gleichzeitig noch die lokale Wirtschaft zu unterstützen.

Man hat so die Chance, unterschiedliche Teile einer Region kennenzulernen, ohne eine weitere Flugreise in Anspruch zu nehmen, die nicht nur, wie Sie bereits wissen, umweltschädigend ist, sondern auch noch mit Abstand die teuerste Art, sich fortzubewegen, darstellt. Auch ein möglicher Ansatz wäre hierbei das Nutzen oder Anbieten von Fahrgemeinschaften. So findet man leicht Anschluss an andere Touristen oder sogar

Einheimische, spart Spritgeld und schont zusätzlich das Klima.Ein anderer Ansatz, die Reise mit dem Flugzeug zu unterbinden, findet sich in der Wahl des Urlaubsortes. Warum müssen es immer Südostasien oder die USA sein? Auch das eigene Land und dessen Nachbarstaaten haben schöne Gegenden, die Sie ganz bestimmt noch nicht gesehen haben.

Wie wäre es zum Beispiel mit einem Wanderurlaub in den Alpen oder einem Abstecher auf die Ostfriesischen Inseln? Gerade in Europa herrscht auf einem relativ überschaubaren Gebiet eine hohe Kultur- und Landschaftsvielfalt wie kaum ein zweites Mal auf unserem Planeten. Warum also weit wegfliegen, wenn es vor unserer eigenen Haustür noch so viel zu entdecken gibt? Die verhältnismäßig kurzen Entfernungen erlauben eine bequeme und kostengünstige Reise mit dem Zug und insbesondere auch, wenn das Ziel Ihrer Reise nicht gerade das Kennenlernen neuer Kulturen und Sprachen, sondern ein Entspannungs- oder Sporturlaub ist, werden Sie mit Sicherheit auch an einem nähergelegenen Urlaubsziel auf Ihre Kosten kommen. Das *„Interrailticket"* bietet hier eine ideale Möglichkeit, mit einem einzigen Ticket mehrere Länder in Europa mit dem Zug zu bereisen.

Hand in Hand mit dem Faktor des unkomplizierten und günstigen Reisens geht die Wahl von leichtem Gepäck. Warum muss es immer der ganze Kleiderschrank sein, wenn einen die große Menge an Sachen meistens eher stresst, als entspannt und sei es ganz banal wegen dem hohen Gewicht? Neben dem Argument, dass jeder zusätzliche Bikini auch herumgetragen werden muss und zu einem immer höheren Maß an Inflexibilität führt, verlangen viele Fortbewegungsunternehmen auch einen Aufpreis für mehr Gepäck.

Auch erhöht das zusätzliche Gewicht den CO_2-Ausstoß des Flugzeugs, Autos oder Zuges, was nicht gerade die Nachhaltigkeit fördert. Darüber hinaus sind Reisen eine gute Möglichkeit, sich in der Konsumreduzierung zu versuchen. Es gibt keinen besseren Zeitpunkt, einmal alles Überschüssige zu Hause zu lassen, um von dieser Erfahrung für einen nachhaltigeren und sparsameren Alltag zu profitieren.

Einen besonderen Blick sollten Sie auch einmal auf die Containerschiffe werfen. Von einigen Menschen als Transportmittel der Zukunft gehandelt, bieten diese Ozeanriesen eine, auf den Einzelnen gesehen, beinahe klimaneutrale Reisemethode.

Zwar verbrauchen sie in 24 Stunden volle Fahrt voraus im Schnitt 35 Tonnen Schweröl, allerdings macht bei einer derartigen Menge an Gewicht ein einzelner Passagier fast gar nichts aus. Allerdings ist der Transport auf einem Containerschiff sicherlich nicht jedermanns Sache. Eine hohe Flexibilität ist Voraussetzung, was sowohl Reisestart als auch Reisedauer angeht, denn nicht der Passagier, sondern die zu transportierende Ladung hat oberste Priorität. Außerdem gibt es verhältnismäßig wenig Unterkünfte für Touristen, sodass es sich bei diesem Transportmittel um keine Lösung für die weltweite Masse an Touristen handelt, die leider auch nur etwas für den Nachhaltigkeits-, jedoch nicht für den Günstigkeitsaspekt ist.

Während man auf einer Reise per Flugzeug von Deutschland nach Australien ungefähr 24 Stunden und 800 Euro rechnet, bräuchte man für dieselbe Strecke per Containerschiff ganze 42 Tage bei einem Preis von 4.200 Euro. Diese Variante ist also nur etwas für Abenteurer und

Nachhaltigkeitsliebhaber, die bereit sind, etwas mehr an Zeit und Geld zu investieren.

Die Wahl der richtigen Unterkunft

Ob Hotel, Resort oder Ferienwohnung, auch hier lassen sich deutliche Unterschiede in Bezug auf Nachhaltigkeit feststellen. Achten Sie bei der Wahl Ihrer Urlaubsunterkunft auf Anbieter, denen ihr ökologischer Fußabdruck wichtig ist.

Ein guter Indikator ist hierbei zum Beispiel die Kennzeichnung durch ein Nachhaltigkeitssiegel. Informieren Sie sich im Internet über die Bedeutung und die Gewichtung verschiedener Zertifikate wie beispielsweise auf der Website von fairunterwegs. Anhand dieser können Sie die richtige Unterkunft für sich herausfinden, die im Regelfall nur unwesentlich teurere Preise aufweist. Des Weiteren gibt es immer häufiger auch alternative Unterbringungen wie Biohotels oder Biobauernhöfe. Letztere bieten häufig eine reichhaltige Palette an Beschäftigungsangeboten, die auf Urlaubsreisen mit kleineren Kindern sehr gern genutzt werden. Wieso nicht einmal einen entspannten Tag zu zweit verbringen und den Nachwuchs bei den Kühen und Schweinen spielen lassen? Es wird für beide Seiten eine Bereicherung sein.

Wichtig bei der Beachtung der Nachhaltigkeit und besonders des Sparfaktors ist der Verzicht auf ein All-inclusive-Angebot. Was im ersten Moment nach Entspannung pur klingt, ist in Wirklichkeit ein wahrer Geldfresser, der nicht hält, was er verspricht. Dahinter stehen meistens große Tourismusunternehmen, die weder etwas mit Nachhaltigkeit noch mit der Unterstützung der lokalen Bevölkerung zu tun haben und aufgrund eines für sie so gering wie möglichen Geldaufwands keine nachhaltigen und qualitätvollen Nahrungsmittel und Unterhaltungsangebote aufzuweisen haben.

Respekt

Ebenso wichtig wie Unterkunft und Transportmittel sind die Wahrnehmung und Wertschätzung des Urlaubsortes. Insbesondere bei einem Besuch in einem fremden Land ist es wichtig, Landessprache und Kultur sowie Umwelt und Ressourcen zu respektieren. Man darf nie vergessen, dass man bei einer Urlaubsreise als Gast in einem fremden Land verweilt und dabei sein Land oder seine Region würdevoll vertreten sollte.

Warum nicht einfach anstelle des bekannten Englischsprechens zumindest „Hallo", „Tschüss" und „Wie geht es dir?" in der Landessprache lernen? In vielen Kulturen hat Höflichkeit und Gastfreundschaft noch einen höheren Stellenwert als in unserer Heimat, sodass respektvolles Verhalten durchaus zu einmaligen und weiterbringenden Erlebnissen verhelfen kann. Kontakt mit Einheimischen, Vergünstigungen in kleinen Lokalen und Hilfsbereitschaft in unbekannten Situationen sind nur einige der vielen Vorteile, die sich durch ein offenes und positives Verhalten ergeben können.

Ein wichtiger Punkt ist Ihre Vorbildfunktion. Viele Einwohner von Gegenden, in denen nicht unbedingt der gleiche Reichtum wie bei uns herrscht, sehen es als erstrebenswert an, sich an den Gästen aus anderen Ländern zu orientieren. Daher ist es wichtig, durch das eigene Verhalten mit gutem Beispiel voranzugehen.

Eine Vermeidung von Müll oder sogar das aktive Aufsammeln dessen gehört zu den grundlegenden Verhaltensweisen, die Sie als Gast an einem fremden Ort an den Tag legen sollten. Es ist möglicherweise ein guter Anfang, auf Reiseführer oder digitale Karten zu setzen, anstatt einzelne Papiere oder Flyer nach Beendigung der

Tour als überflüssig gewordenen Ballast in den nächsten Straßengraben zu werfen. Auch mitgebrachte Speisen und Getränke können als Müllvermeider dienen, da bei einem gut geplanten Picknick weniger Verpackungen übrigbleiben als bei einem herkömmlichen Snack am Imbissstand oder ähnlichem.

Ein letzter Punkt, der enorm wichtig für finanzielle und nachhaltige Urlaubserlebnisse ist, besteht in der Fähigkeit zu wissen, was man möchte. Spontanität ist wichtig, doch eine grobe Vorstellung von vor allem moralischen Werten sollte in jedem Fall vorhanden sein. Eine Fahrt mit einem Jetski am Rande eines geschützten Korallenriffs gehört beispielsweise nicht zu dem, was einen nachhaltigen Urlaub ausmacht. Halten Sie Augen und Ohren offen, sehen Sie über den Tellerrand der üblichen Tourismusattraktionen hinaus und befragen Sie Ihren Verstand über den Kosten- und Nachhaltigkeitsfaktor einer Unternehmung, dann werden Sie mit Sicherheit eine für Sie und den Planeten bestmöglich gestaltete Reise erleben!

Die besten Nachhaltigkeitsbewegungen – Foodsharing & Co.

Eine gute Möglichkeit, sich in seiner Freizeit zu engagieren, ohne dafür zusätzliches Geld auszugeben, bieten diverse Nachhaltigkeitsbewegungen. Diese erfreuen sich in der heutigen Zeit einem großen Zulauf und sind ein beliebtes Mittel, ein Bewusstsein für das eigene Handeln zu entwickeln und vor allem anderen eine gelebte Nachhaltigkeit zu vermitteln.

In Form von Trends oder Bewegungen (*Friday for Future*) haben Sie sicherlich bereits von dem ein oder anderen Projekt gehört, das dabei hilft, den Planeten zu schützen und einen positiven Beitrag zur Gesellschaft zu leisten. Ein immer beliebter werdendes Konzept ist das sogenannte *Foodsharing*. Wie der Name bereits verrät, handelt es sich dabei um eine Bewegung, die sowohl im privaten als auch im öffentlichen Rahmen die Lebensmittelverschwendung eindämmen möchte, indem sie die Menschen zum Teilen anregt. Mittlerweile hat sich ein deutschlandweites Netzwerk für das *Foodsharing* entwickelt. Dabei bieten nicht nur Privatpersonen, sondern auch Supermärkte und Gastronomiebetriebe ihre Produkte an.

Was einst als heimliches Durchsuchen der Abfalltonne eines Bioladens durch den Gründer Raphael Fellmer begann, hat mittlerweile auch in kleineren Städten regen Anklang gefunden. Meistens handelt es sich dabei um abgelaufene, beschädigte oder überflüssige Lebensmittel, die nicht wie ein Drittel aller produzierter Lebensmittel der Welt als Müll verenden sollen.

Eine Teilnahme an dieser besonders nachhaltigen Idee ist denkbar einfach. Melden Sie sich einfach im Internet auf der Plattform *www.foodsharing.de* an und sehen Sie selbst, wo in Ihrer Umgebung kostenlose Lebensmittel abgeholt werden können. Auch gibt es hier die Möglichkeit, selbst Essen anzubieten. Hierbei gilt der Grundsatz: *„Gib nur weiter, was du auch selbst noch essen würdest!"* Reicht Ihnen ein pures Teilhaben an diesem Projekt noch nicht und Sie möchten gerne ehrenamtlich tätig werden? Steigen Sie vom einfachen Foodsharer zum Foodsaver auf!

In dieser Position, haben Sie die Möglichkeit, Essen direkt von einem teilnehmenden Unternehmen zu einem der vielen Fair-Teiler, dem Ort, an dem die Foodsharer das Essen abholen können, zu bringen. Nach einer Bewerbung bei einem der vielen Foodsaverteams auf der *Foodsharing*-Plattform und drei Probeabholungen in Begleitung von erfahrenen Foodsavern, bekommen Sie Ihren eigenen Foodsaver-Ausweis, der Sie zu Auslieferungen berechtigt. Anschließend sortieren Sie das Essen und tragen die Verantwortung für den hygienisch einwandfreien Zustand des Fair-Teilers.

Es gibt viele Gründe, die für eine Beteiligung am Konzept des *Foodsharings* sprechen. Die Vermeidung von Lebensmittelverschwendung zum Wohle unseres Planeten und zur Verringerung der großen Schere zwischen arm und reich sind nur ein

Argument dafür. Dass *Foodsharing* eine gute Möglichkeit für jeden, aber insbesondere für finanziell schlechter gestellte Menschen bietet, an qualitativ einwandfreies Essen zu kommen, spricht besonders das Bewusstsein für eine vielseitige und integrative Gemeinschaft an, welches in der heutigen Gesellschaft durchaus vonnöten ist. Außerdem können Sie in ehrenamtlicher Arbeit viel für Ihre persönliche Weiterentwicklung dazulernen, was von interessanten Erfahrungen in der Zusammenarbeit mit den unterschiedlichsten Menschen bis hin zu einer potenziellen neuen Leidenschaft reicht, die Sie womöglich bis ans Ende Ihres Lebens begleitet.

Foodsharing bietet bei weitem nicht die einzige Möglichkeit, sich selbst und der Erde in einer Nachhaltigkeitsbewegung Gutes zu tun. Haben Sie schon einmal von *Urban Farming* gehört? Das Konzept ist ebenfalls denkbar einfach. Es stammt ursprünglich aus der Zeit der Industrialisierung, in der die Menschen in den immer größer werdenden Städten nach einer Möglichkeit suchten, um sich zu ernähren. Das Resultat bildeten kleine Gärten zwischen den immer höher werdenden Häusern, Schrebergärten und Landwirtschaft auf winzigen

Balkonen. Bis heute haben sich Fragmente dieser Notwendigkeit durchgesetzt und funktionieren, meist vor dem Hintergrund der Nachhaltigkeit, teilweise noch viel komplexer. So findet man in größeren Städten manchmal Landwirtschaft auf Hausdächern, Brachflächen, an Hauswänden (vertical farming) oder in Hochhäusern (indoor farming), in denen sogar Schweinezucht betrieben werden kann.

Die positiven Auswirkungen lassen sich nicht leugnen. Nicht nur, dass man durch diese einfache Weise, Nahrungsmittel zu erzeugen, die Artenvielfalt im städtischen Raum unterstützt sowie für eine Bindung des viel vorhandenen CO_2 sorgt, denn sie hat auch auf Ihr ganz persönliches Leben einen nachhaltigen Effekt. So spart die Selbstversorgung mit eigenem Gemüse und Obst Geld und garantiert eine kontrollierte und transparente Herkunft der Produkte. Zusätzlich partizipieren Sie an der Gestaltung der eigenen Stadt und fördern durch die Teilnahme an Gemeinschaftsprojekten im Urban Farming Ihre Sozialkompetenz und knüpfen neue Kontakte. Darüber hinaus schärfen sich Ihre Sinne für ein nachhaltiges Bewusstsein und befähigen Sie, durch persönliche Erfahrungen auch eine kollektive Achtsamkeit in Nachhaltigkeitsfragen zu fördern. Leider gibt es auch negative Beispiele, die eine Entfremdung des eigentlichen Zwecks des *Urban Farming* hervorbringen.

Viele Menschen verstehen nicht, wie viel Pflege und Verantwortung in einem funktionalen Urbangarten stecken. Mit Säen und in Ruhe lassen ist das Hervorbringen eigener Ernte noch lange nicht getan. Außerdem ist das obige Beispiel einer Schweinezucht in einem Hochhaus zwar pragmatisch, dient aber keineswegs einer guten Fleischqualität und schon gar nicht einer nachhaltigen Tierhaltung. Das letzte Nachhaltigkeitskonzept, auf das ich nun näher eingehen möchte, ist der *Minimalismus*, dessen Werte ich bereits im Kapitel „Konsum" erläutert habe. Diese Lebensweise definiert sich durch Klarheit und richtige Prioritätensetzung.

Das Ziel ist es, den Alltag optimal zu gestalten, indem man in allen Bereichen seines Lebens Überflüssiges und Kraftraubendes abstreift und so schließlich ein Leben führt, in dem es nur kraftgebende Handlungen, Gegenstände und Kontakte gibt. Der Weg zum *Minimalismus* ist nicht immer leicht, denn häufig gilt es, sich von alteingesessenen Gewohnheiten zu trennen und gegen den inneren Schweinehund anzukämpfen. Dennoch lohnt sich jeder Schritt in Richtung eines minimalistischen Lebensstils. Die Reduktion auf das, was wirklich wichtig ist, befreit den Geist und klärt die Sicht auf das, was in Ihrem individuellen Leben wirklich wichtig ist. Sie schaffen sich die Chance, ein fokussiertes Bewusstsein zu erlangen und mit Hilfe dessen eine viel bessere Kontrolle über die eigenen Handlungen und Gedanken zu bekommen. Wer minimalistisch lebt, spart gleichzeitig Zeit und Geld sowie schlechte Erfahrungen.

Denn wer nur mit dem Nötigsten und „Glücklichmachensten“ lebt, nimmt sich automatisch mehr Zeit für genussvolle Dinge und Freizeitbeschäftigungen und erreicht ebenso durch seine optimale Effizienz schneller seine Ziele. Es gibt keine genaue Definition, ab wann man sich minimalistisch nennen darf und ab wann nicht. Diese Benennung ist sehr individuell. Es gibt Minimalisten, die mit zehn Kleidungsstücken auskommen und nichts vermissen, während andere den Schrank voller Sachen haben und immer noch nicht glücklich damit sind. Dafür schafft es letztere Person vielleicht, nur ein einziges Stück Seife zu besitzen, während sich bei anderen wiederum Duschgel neben Duschgel reiht.

Haben Sie keine Angst davor, dass Sie etwas vermissen könnten. Beginnen Sie ganz langsam mit der Reduktion von Gegenständen bei Bereichen, in denen Sie ohnehin viel Überflüssiges besitzen, wie oft zum Beispiel Kleidung oder Bücher. Stück für Stück nähern Sie sich Ihrem eigenen *Minimalismus* an, der Sie nicht nur zu einem klaren und fokussierten Geist führt, sondern auch die Achtsamkeit aufkeimen lässt, die ein nachhaltiges, entschleunigtes und reduziertes Leben mit sich bringt.

Geld nachhaltig & gewinnbringend anlegen

Da Sie nun durch diverse Tipps und Tricks nachhaltiger geworden sind und viel Geld gespart haben, lassen Sie es nun für sich arbeiten - investieren Sie es in umweltbewusste Unternehmen. Bei einer Rendite von 8 % und einer monatlichen Rate von 100 € erwartet Sie nach 10 Jahren ein Gewinn von 8.417 Euro! Denn anders als viele Klischees behaupten, sind Anteile an nachhaltigen Unternehmen sehr wohl eine gute Geldquelle, doch lassen Sie uns vorne anfangen…

Wenn Sie sich entscheiden, Ihr Geld nachhaltig anzulegen, so gibt es hierfür mehrere Möglichkeiten.

Die Direktinvestition: Hier liegt alles an Ihnen. Firma und Anteil sind Ihnen freigestellt und Sie tragen die volle Verantwortung für Ihre Aktien.

Der Einstieg in einen gemanagten Fond: Entscheiden Sie sich für diese Investitionsmöglichkeit, werden Sie Teil eines gemanagten Fonds. Ein Manager wählt die Unternehmensaktien aus und verwaltet diese für Sie. Die Fonds sind nach bestimmten Themengebieten oder Branchen gegliedert. Sie müssen deswegen genau hinschauen, welche Unternehmen Teil des Fonds sind. Es könnten nämlich auch Rohstoff- und Rüstungskonzerne enthalten sein.

ETFs (Aktien-Indexfonds): Diese Aktieninvestitionsmöglichkeit ist anfängertauglich und bietet deswegen einen idealen und gleichzeitig günstigen Einstieg in Geldanlagen. Der Vorteil von ETF'S gegenüber Fonds ist, dass sie keine zusätzlichen Verwaltungskosten erzeugen, da sie lediglich Abbildungen von z. B. dem DAX sind. Mittlerweile gibt es auch ETFs, die nach Themenbereichen gegliedert sind. Leider beschränken sich die ETFs (wie Fonds) nicht nur auf nachhaltige Unternehmen, sodass die Auflistung der möglichen Firmen auch ethisch fragwürdige Konzerne enthält. Prüfen Sie daher genau, in welche Projekte Sie Ihr Geld stecken, denn auch hier ist der Begriff Nachhaltigkeit nicht allgemein definiert. Als Beispiel: Die Firma Tesla steht im Nachhaltigkeitsranking des MSCI auf einem sehr guten Platz, während das Ranking der *„Environmental Social Governance"* des Indexanbieters FTSE sie auf den hinteren Rängen platziert.

Ganz generell ist es wichtig, sich der unterschiedlichen Maßstäbe der einzelnen Fonds bewusst zu werden. Während manche Fonds grundsätzlich Unternehmen aus der Rüstungs-, Atom- und Ölbranche in ihre Liste aufnehmen wollen, unterstützen andere Fonds das Best-in-Class-Prinzip. Hierbei wird in die Firma jeder Branche investiert, das „am wenigsten schlimm" ist. Am Beispiel der Kohleindustrie wird dasjenige Unternehmen unterstützt, das sich am stärksten gegen den starken CO_2-Ausstoß einsetzt, was langfristig gesehen den Wettbewerb um neue, lohnende Innovationen anregt.

Es mag viele Klischees über die Investition in nachhaltige Aktien geben, die sich nicht bewahrheiten. Es ist beispielsweise eine Fehlannahme, dass die Rendite bei nachhaltig wirtschaftenden Unternehmen generell niedriger ist als bei herkömmlichen. Dennoch muss man sich eingestehen, dass die perfekte grüne Investition ohne Verluste oder Risiko heutzutage noch nicht möglich ist. Jeder muss hier seine eigenen Entscheidungen treffen und eigenständig Prioritäten setzen. Trotzdem handelt es sich bei der grünen Investition um eine Branche mit hohem Wachstumspotential, die längst mehr geworden ist als nur ein vorübergehender Trend.

Die „Carbon Bubble“

Die Carbon Bubble, zu Deutsch „Karbonblase“ entsteht bei Investitionen in fossile Rohstoffkonzerne und Ihre Investitionsgüter, bei denen die Möglichkeit besteht, dass sie ihre fossilen Reserven, niemals aufbrauchen können. Aufgrund des 1,5°C- Ziels gibt es neue politische Richtlinien zur Regulierung der CO2-Werte der Brennstoffindustrie, die jetzt schon viel zu viele Reserven besitzt. Die Wahrscheinlichkeit ist also hoch, dass all die Reserven niemals gefördert werden. Wie Sie sehen, liegt das Risiko, das mit dieser Branche einhergeht, also auf der Hand. Dies bestätigen auch ExpertInnen verschiedener Banken (HSBC, Citi, usw.) sowie die internationale Energieagentur und die London School of Economics, sowie viele weitere. Die HSBC geht davon aus, dass 40-60% des Börsenkapitals von Gas- und Ölunternehmen der Carbon Bubble ausgesetzt sind. Platzt diese Blase, hätte dies enorme Auswirkungen auf das globale Wirtschafts- und Finanzsystem.

Danksagung

Nachdem Sie nun siebzehn Kapitel mit Nachhaltigkeits- und Finanztipps gelesen und hoffentlich auch die ein oder andere Möglichkeit für sich selbst entdeckt haben, wie Sie Ihr Leben nachhaltiger und sparsamer gestalten können, bleibt mir nur noch Ihnen zu danken. Sie tun nicht nur sich selbst, sondern auch allen anderen, inklusive Ihrem eigenen Planeten, etwas Gutes. Es ist enorm wichtig, aus dem eigenen Leben das Beste zu machen und durch die Reduktion von Unnötigem und insbesondere von unnötigen Ausgaben Platz für das Wesentliche und wirklich Wichtige zu schaffen.

Es ist großartig, dass Sie es sich selbst wert

sind, sich mit diesen Dingen zu befassen und es ist großartig, dass alles in Ihrem Umfeld davon profitieren darf. Auch wenn Sie nur ein einzelner von über sieben Milliarden Erdenbürgern sind, tragen Sie durch Ihr Bewusstsein und Ihr bestmögliches Versuchen einen wichtigen Teil zu einer großen Gesamtheit bei, die durch das Zusammenhalten und Kämpfen für ein gemeinsames Ziel die Chance hat, eine globale Katastrophe zu verhindern und dafür zu sorgen, dass unsere Urenkel auf einer schönen und intakten Erde leben können, in der jeder auf den anderen aufpasst. Lassen Sie sich durch kleinere und größere Rückschläge nicht entmutigen, denn niemand ist perfekt und auch wenn Ihr Beitrag zunächst noch klein und vermeintlich unbedeutend ist, so ist er dennoch ein weiterer Schritt in Richtung eines bedeutenden Ziels. Viel Erfolg auf Ihrem weiteren Weg!

Quellenverzeichnis

ADAC (2019): Elektromobilität. Online verfügbar unter: https://www.adac.de/rund-ums-fahrzeug/elektromobilitaet/?redirectId=quer.oekobilanz.

BDEW Bundesverband der Energie- und Wasserwirtschaft e.V. (2020): Entwicklung des personenbezogenen Wassergebrauches in Deuschland. Online verfügbar unter: https://www.bdew.de/media/documents/Entwicklung_des_personenbezogenen_Wassergebrauches_ab_1990_jaehrlich_o_online__qS3Ct0x.pdf.

Bundesministerium für Ernährung und Landwirtschaft (2019): Lebensmittelabfälle in Deutschland: Neue Studie über Höhe der Lebensmittelabfälle nach Sektoren. Online verfügbar unter: https://www.bmel.de/DE/themen/ernaehrung/lebensmittelverschwendung/studie-lebensmittelabfaelle-deutschland.html.

Burney; Luczynska; Chinn, Jarvis (2001): European Community Respiratory Health Survey. Online verfügbar unter: https://erj.ersjournals.com/content/18/3/598.

Der Intergovernmental Panel on Climate Change (2018): Global Warming of 1.5°C. Online verfügbar unter: http://reviewipcc.interacademycouncil.net/.

Global Footprint Network (2020): Earth Overshoot Day. Online verfügbar unter: https://www.overshootday.org/.

Heinrich Böll Stiftung (2020): PLASTIKATLAS 2019. Daten und Fakten über eine Welt voller Kunststoff. Online verfügbar unter: https://www.boell.de/sites/default/files/2020-02/Plastikatlas%202019%204.%20Auflage.pdf.

IfD Allensbach (2020): Allensbacher Marktanalyse Werbeträgeranalyse. . Online verfügbar unter: https://www.ifd-allensbach.de/fileadmin/AWA/AWA2020/Codebuchausschnitte/AWA2020_Codebuch_Essen_und_Trinken.pdf.

Lehmann, Annekatrin; Roffeis, Martin; Finkbeiner, Matthias (2019): Ökobilanzielle Bewertung des Lebensweges eines handelsüblichen weißen Baumwolle T-Shirts in Deutschland. Online verfügbar unter: https://biooekonomie.de/sites/default/files/files/2020-02/oekobilanz_t-shirt.pdf.

Matthies, E.; Homburg A. (2001): Umweltpsychologie. In: Ferdinand Müller-Rommel (Hrsg.): Sozialwissenschaften. Berlin, Heidelberg: Springer. S. 96-124

National Oceanic and Atmospheric Administration (NOAA) (2020): Global Climate Report -

November 2020. Online verfügbar unter: https://www.ncdc.noaa.gov/sotc/global/202011.

NABU – Naturschutzbund Deutschland e.V. (2020): Wie Wäschewaschen die Umwelt weniger belastet. Online verfügbar unter: https://www.nabu.de/umwelt-und-ressourcen/oekologisch-leben/alltagsprodukte/23843.html.

Svanes Ø, Bertelsen RJ, Lygre SHL, Carsin AE, Antó JM, Forsberg B, García-García JM, Gullón JA, Heinrich J, Holm M, Kogevinas M, Urrutia I, Leynaert B,

Moratalla JM, Le Moual N, Lytras T, Norbäck D, Nowak D, Olivieri M, Pin I, Probst-Hensch N, Schlünssen V, Sigsgaard T, Skorge TD, Villani S, Jarvis D, Zock JP, Svanes C. (2018): Cleaning at Home and at Work in Relation to Lung Function Decline and Airway Obstruction. Online verfügbar unter: https://pubmed.ncbi.nlm.nih.gov/29451393/.

Umweltbundesamt (2020a): Planetary boundaries: Challenges for science, civil society and politics. Online verfügbar unter: https://www.umweltbundesamt.de/sites/default/files/medien/5750/publikationen/2020_10_26_texte_183_2020_planetary_boundaries.pdf.

Umweltbundesamt (2020b): Energieverbrauch und CO_2-Emissionen des Konsums. Online

verfügbar unter:
https://www.umweltbundesamt.de/indikator-energieverbrauch-co2-emissionen-des#die-wichtigsten-fakten.

Umweltbundesamt (2020c): Erneuerbare-Energien-Gesetz. Online verfügbar unter: https://www.umweltbundesamt.de/themen/klima-energie/erneuerbare-energien/erneuerbare-energien-gesetz#erfolg.

Umweltbundesamt (2020d): Energieverbrauch privater Haushalte. Online verfügbar unter: https://www.umweltbundesamt.de/daten/private-haushalte-konsum/wohnen/energieverbrauch-privater-haushalte#endenergieverbrauch-der-privaten-haushalte.

Umweltbundesamt (2020f): Ernährung der Deutschen belastet das Klima. Online verfügbar unter: https://www.umweltbundesamt.de/presse/pressemitteilungen/ernaehrung-der-deutschen-belastet-das-klima.

Bundesumweltamt (2019): Vergleich der durchschnittlichen Emissionen einzelner Verkehrsmittel im Personenverkehr. Online verfügbar unter:
https://www.umweltbundesamt.de/bild/vergleich-der-durchschnittlichen-emissionen-0.

Umweltbundesamt (2018): Stromverbrauch. Online verfügbar unter: https://www.umweltbundesamt.de/daten/energie/stromverbrauch.

Umweltbundesamt (2015): Wasch- und Reinigungsmittel. Online verfügbar unter:

https://www.umweltbundesamt.de/themen/chemikalien/wasch-reinigungsmittel.

U.S. BUREAU OF LABOR STATISTICS (2017): American Time Use Survey. Online verfügbar unter: https://www.bls.gov/tus/.

Verbraucherzentrale (2020): Lebensmittel: Zwischen Wertschätzung und Verschwendung. Online verfügbar unter: https://www.verbraucherzentrale.de/wissen/lebensmittel/auswaehlen-zubereiten-aufbewahren/lebensmittel-zwischen-wertschaetzung-und-verschwendung-6462.

Von Carlowitz, Hans Carl; Hamberger, Joachim (2013): Sylvicultura oeconomica oder Haußwirthliche Nachricht und Naturmäßige Anweisung zur Wilden Baum-Zucht. München: oekom Verlag.

WWF (2020): Plastikmüll im Meer – Die wichtigsten Antworten. Online verfügbar unter: https://www.wwf.de/themen-projekte/meere-kuesten/plastik/unsere-ozeane-versinken-in-plastikmuell/plastikmuell-im-meer-die-wichtigsten-antworten

Autor: Tobias Seebuck

Verleger: Marius Nagel

Covergestaltung: Amir Nahor

Impressum

Angaben gemäß § 5 TMG

Marius Nagel

Ernst-Thälmann-Str. 82

01968 Senftenberg

USt-IdNr.: DE329144904

E-Mail: machseinfachverlag@t-online.de

Telefon: 01748 357444

Printed in Germany
by Amazon Distribution
GmbH, Leipzig

23551665R00108